「食」の図書館

牡蠣の歴史

OYSTER: A GLOBAL HISTORY

CAROLYN TILLIE
キャロライン・ティリー【著】
大間知 知子【訳】

原書房

目次

［……］は翻訳者による注記である。

序章◉魔法の二枚貝

１９７０年代なかば、両親と12歳だった私は父の５人姉妹のひとりであるローラおばさんに会うため、ルイジアナ州ニューオーリンズを訪れた。ローラおばさんは１９６０年代初めに故郷のジョージア州を出て、ひとりでニューオーリンズに行き、フレンチ・クォーター地区の中心で暮らし始めた。そして「プレイボーイ」誌の創刊者ヒュー・ヘフナーが開いた女性の肉体美が売り物のクラブでバニーガールとして働き始めた。おばさんは私に写真や大切な思い出を集めたスクラップブックを見せてくれた。コメディアンのボブ・ホープや俳優のオマー・シャリフといった有名人と並んでいるおばさんがいた。写っている人や場所についてはよくわからなかったが、私はローラおばさんが映画『メイム叔母さん』［１９５８年制作のコメディ映画］のように生き生きした元気な人で、生きる喜びにあふれているのを感じて、とても心を引かれた。１９６０年代当時、ニューオーリンズのプレイボーイクラブはアイバービル・ストリートに面した古いキャリッジ・ハウス［馬車や車を収容する小さな建物」を改造して作られ、フェリックス・オイスター・バーやアクメ・オイスター・ハウスと同じブロックにあった。食べ物とお色気が混然一体となって生まれる熱気が、ローラおばさんを輝かせていたのだと思う（そのときはそんなふうには思わなかったけれど）。

私たちがニューオーリンズに着いた日の夜、ローラおばさんはアメリカで最も歴史のある料理店のひとつ、「アントワーヌズ・レストラン」に案内してくれた。その店はおばさんの「顔がきく」らしかった。おばさんは私に片目をつぶって見せ、まずはみんなで食べる牡蠣の前菜を注文した。私たちはメニューと首っ引きでメインディッシュを決めた。テーブルに次々と料理が運ばれてきた。オイスター・ロックフェラー［牡蠣にパセリ、ハーブ、バターソース、パン粉などをかけてオーブンで焼く料理］、オイスター・テルミドール［焼いた牡蠣にカクテルソースをかけた料理］、牡蠣フライ、殻付き生牡蠣。私は牡蠣フライをむさぼるように食べた（子供はみんな揚げ物が大好きだ）。最高、と私は思った。生牡蠣に好奇心をそそられた私はローラおばさんのまねをして、殻に入ったつやつや光る灰色の身にミニョネットソース［ワインビネガーとエシャロットやコショウを混ぜたソース］をかけ、はなやかなおばさんが教えてくれたとおりに、人生初の生牡蠣を味わった。口に牡蠣を含み、少しだけ噛んで、繊細な潮の味わいを楽しむ。

50代になっていても、ローラおばさんには周囲の注目を引く何かがあった。まだ12歳の私にはわからなかったけれど、おばさんが放っていたのは紛れもなく「セックスアピール」だった。しかし私はなんとなく、おばさんが魅力的なのはあんなにおいしそうに食べる牡蠣に秘密があるのではな

ゴールウェイ湾で収穫されたアイルランド産の牡蠣

殻を開ける前のマガキ

いかと思った。その夜、私が初めて味わう美味をあまりにも喜んだので、父は特別にメインディッシュとして牡蠣をさらに追加してくれた。私はおばさんを崇拝し、この人のようになりたいと願い、この魔法の二枚貝を食べれば望みどおりに変身できると思った。

このありふれた小さな生物について、今まで実に多くの人が言及してきた。魅惑的な香りは称賛の的となってきた。大昔から生息するこの貝のおかげで帝国が築かれ、新しい土地が発見された。牡蠣は人類が最も昔から食べてきた食べ物のひとつだ。金持ちの食べ物になり、貧乏人の栄養源にもなった。さまざまな薬効があると言われ、媚薬になるという医師もいれば、頭を冷やし、感情を抑える効果があるという人もいた。調理法はシンプルなものから手の込んだものまでさまざまで、肉料理の詰め物にもなれば、生のまま、このうえなく豊かな単純さを味わうこともできる。端的に言おう。牡蠣は完全な食品である。

第1章 ◉ 牡蠣の生物学

◉驚くべき生き物

牡蠣は驚くべき生き物で、その姿は2億年前からほとんど変わっていない。見た目の単純さに比べて、牡蠣のライフサイクルは複雑だ。牡蠣は一般的に生まれたときはオスで、後からメスに転じる。ほとんどの牡蠣は性別を変えることができ、雄性先熟《ゆうせいせんじゅく》（まずオスとして成熟する）の両性動物だと考えられているが、ヨーロッパに広く分布するヨーロッパヒラガキ（学名 *Ostrea edulis*）のように、一生の間に何度か性別を変える種類もある。見かけはただの灰色のかたまりにしか見えないが、牡蠣にも心臓や肺、腎臓などの器官や無色の血液がある。脳はないものの、生息する場所の海水を濾過して浄化するフィルターの役割を果たす驚くべき構造を持っている。牡蠣は人類が太古から利用してきた食料のひとつで、スーパーフードとみなされている。牡蠣にはタンパク質、鉄、オメガ3脂肪酸、カルシウム、亜鉛をはじめ、ビタミンA、B_1（チアミン）、B_2（リボフラビン）、B_3（ナイアシン）、C（アスコルビン酸）、D_2（カルシフェロール）など、必須ビタミンやミネラルが豊富に含まれている。牡蠣は脂肪が少なく、栄養価が非常に高い食品だ。牡蠣殻の75パーセントは炭酸カルシウム（方解石《ほうかいせき》）で構成され、そのほかにリン酸カルシウム、硫酸カルシウム（石膏）、マグネシウム、アルミニウム塩、酸化鉄を含んでいる。牡蠣殻の粉末から作るサプリメントは骨の発育をうながす効果があり、カルシウムが不足しがちな妊婦の栄養補助剤としても用いられる。

英語で牡蠣を表す「オイスター（oyster）」という言葉が初めて登場したのは14世紀で、古期英語の ostre、あるいはアングロ＝ノルマン語の oistre が語源になっている。さらにさかのぼれば oistre はラテン語の ostrea、あるいは古代ギリシア語で牡蠣を意味する（ὄστρεον）に由来する。また、ὄστρεον は昔から古代ギリシア語で骨を意味する（ὀστέον）に結びつけて考えられている。おそらく外側の殻の固さに関係があるのだろう。学術的には牡蠣は軟体動物門に属している。軟体動物は捕食者から身を守るために、体の一部または全体を覆う殻を持っている。殻の数はひとつまたは複数で、牡蠣は二枚貝だ。つまりひとつの牡蠣は2枚の貝殻の組み合わせで構成されているのだが、この貝殻は左右対称の形をしていない。どんな種類の牡蠣でも、殻の形は先端がとがっていて、反対側は丸みを帯びている。とがった部分は殻頂《かくちょう》と呼ばれ、その内側に蝶つがいがある。蝶つがいには小さな歯の形をしたものが並び［マガキのように歯のない種類もある］、2枚の貝殻を正しい位置にぴったりかみ合わせる働きをしている。殻の内側には閉殻筋《へいかくきん》と呼ばれる太い筋肉［貝柱と呼ば

牡蠣の殻の内側に残る黒っぽい痕は、閉殻筋が殻についていた場所を示している。

れる部分」がある。閉殻筋の張力は10〜16kg／㎠に達し、これが2枚の貝殻をぴったり閉じ合わせる役割をしている。殻の内側の閉殻筋がついていた箇所には濃い色をした痕跡が残っている。科学者はこの閉殻筋痕を観察して、その牡蠣の種類を見分ける手段にしている。閉じた牡蠣をよく見ると、2枚の貝殻の一方は平たい形をしていて、こちらが右《う》殻《かく》と呼ばれる［上殻《じょうかく》・蓋殻《ふたがら》ともいう］。もう一方の、くぼみの深いお椀のような形の貝殻は左殻《さかく》だ［下殻《かかく》・身殻《みがら》ともいう］。

閉殻筋は牡蠣の生存に重要な役割を果たしている。2枚の貝殻の開閉を必要に応じて慎重に調節するのも閉殻筋の働きだ。閉殻筋が適切に機能するためには、酸素を含んだ血液がつねに供給される必要がある。閉殻筋の働きによって適切な間隔で殻が開閉できなけ

牡蠣は長細くて平たいものから幅が広く殻が深いものまで、さまざまなサイズがある。写真は左から右に、（上段）デラウェアベイ、ブロン、オールド1871、ブルーポイント、（中段）キルセン、ハリウッド、ウィラパ、ミラダ、（下段）リーチ・アイランド、ウェストポート、ペンコーブ、シゴク、ミヤギ。

れば、牡蠣は窒息し、飢えて死んでしまう。牡蠣が餌を食べるときは、捕食者の侵入を防ぐために殻をほんの少しだけ——2~3ミリ程度——開いて、海水を取り込む。海水の中にいるきわめて小さなプランクトンが鰓《えら》で濾し取られ、牡蠣の餌になる。食べられないものは鰓で選別され、外套《がいとう》膜《まく》の繊毛《せんもう》運動と閉殻筋による殻の開閉によって海水とともに殻の外へ排出され、この行動が何度も繰り返される。牡蠣は空気中でも殻を閉じたまま10日以上は生きられる。これは消費者にとって実にありがたいことだ。生きた牡蠣を家庭の冷蔵庫でも1~2週間は保存できるからである。ただし乾燥させないようにしなければいけないので、濡れタオルなどでくるんでおくといいだろう。

食用以外の目的で養殖される牡蠣も多い。代表的なものにウグイスガイ科のアコヤガイ（半貴石《はんきせき》である真珠を生産するために養殖される）がある［アコヤガイはカキ目《もく》ではなく日本では牡蠣とみなされないが、英語では pearl oyster と呼ばれ、牡蠣の一種として扱われる］。また、ウミギクガイ科の二枚貝のように殻にとげのような突起がたくさんある種類（セラミックの原料としてケイ素の代わりに利用される）や、マドガイ科のマドガイがある。マドガイは厳密に言うと（ここで取り上げた他の牡蠣と同様に）食べられるが、半透明な貝殻のほうに価値があって、殻が接着剤やニスの原料に使われる。正真正銘の牡蠣はカキ目イタボガキ科に属し、その中にイタボガキ属、マガキ属、オハグロガキ属などがある。こうした分類は牡蠣の幼生期の大きさや形、生殖の方法、寿命、形態学と、成熟した牡蠣の殻の形などに基づいて決められている。牡蠣は、たとえば砂粒のような異物が体内に入ると、やわらかい身の部分を保護するために異物を包みこむ膜をゆっくりと形成する。アコヤ

殻にとげのような突起があるウミギクガイ科の二枚貝は食用にもなるが、装飾用として知られ、スペイン人による征服以前の中南米では力と多産のシンボルだった。

ガイはこうして真珠を作るが、牡蠣からもたまに小さな真珠のような粒が出てくることがある。アコヤガイも食べられるが、風味はほとんどなく、身は薄くて貧弱だ。牡蠣の殻は主に炭酸カルシウムでできていて、牡蠣の中でも真珠［炭酸カルシウムが主成分］ができる。しかし牡蠣の作る真珠はたいていゆがんでいて、光沢もなく、ほとんど価値のない炭酸カルシウムのかたまりであり、品質は悪い。アコヤガイが属するウグイスガイ科の貝の内側には、イタボガキ科の貝より質のよい真珠層があり、おまけに虹色の輝きを放っている。「真珠」は巻貝やハマグリ、ホタテガイなどの軟体動物の中でも発見されるが、牡蠣の作る真珠と同様に、価値のない炭酸カルシウムでできている。

軟体動物門の仲間の重要な特徴は、同じ器官を複数の目的に利用していることだ。心臓と腎管（無脊椎動物の腎臓）は生殖系の一部を兼ねている。

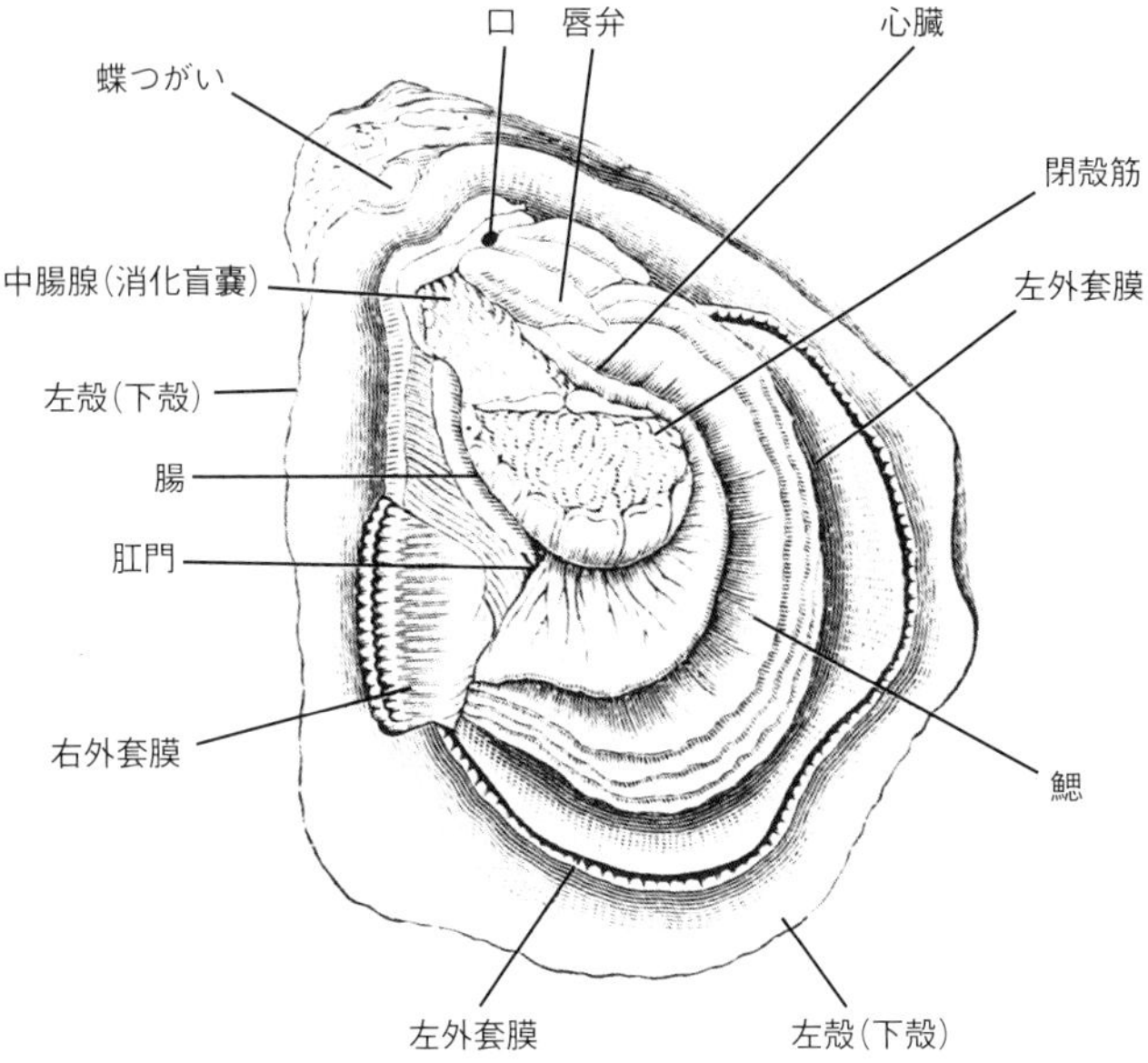

牡蠣の解剖図

鰓は「呼吸」に使われるほか、鰓についている繊毛は排泄と生殖に必要な海水の流れを外套腔内に作り出す。牡蠣は必要に応じて性別を変える習性がある。中には生殖巣に精子と卵の両方を持ち、卵を自分の精子で自家受精させる種類もある。マガキ属の牡蠣の場合、オスは精子を、メスは数千万から1億個もの卵を、同時期に放出する。海中で卵と精子が接触すると受精し、受精卵は幼生《ようせい》に成長する［幼生とは、杯と成体の間にあって、独立した生活を営み、成体とは著しく異なった形態を示すもの。昆虫ならば幼虫、カエルならばオタマジャクシ］。マガキ属は性転換する性質がある。生まれたときはオスでも、翌年にはメスに変化する可能性があり、生涯の間に何度も性別を変える。イタボガキ属の牡蠣、たとえばヨーロッパヒラガキやオリンピアガキは、ひとつの体に卵と精子を持つ雌雄同体で、繁殖期の間に何度か性別を変える。これらのイタボガキ科の牡蠣は、メスのときは産卵期になると卵を作る。産卵した卵はメスの殻の中に留まり、オスが海水中に精子を放出すると、その精子がメスの殻の中に入って卵を受精させる。受精した卵は数日間メスの殻の中に留まり、浮遊幼生［プランクトンのように海中を漂う幼生］となって生み出される。

●牡蠣の一生

牡蠣は繁殖する場所と時期に関する好みがうるさい。外洋では水が冷たすぎ、潮の動きが激しすぎる。湾や河口や岩礁のように、海水に少量の淡水が混ざった汽水域が牡蠣にとって好ましい。海水の塩分濃度は2〜3パーセントで、水温は少なくとも10℃以上なくてはならない。よって、牡蠣の産卵はたいてい初夏に行なわれる。受精した卵を殻の中で成長させたメスの牡蠣は、一度におよそ数百万の幼生を生み出す。幼生は餌を求める魚など、海中の捕食者を何とか避けながら、およそ2週間遊泳する。幼生期の旅を無事に終えて、ひもや木ぎれや他の牡蠣など、何らかの基物《きぶつ》［水中の固形物］に付着できるのは全体のわずか1万分の1にすぎない。基物に付着した幼生は稚貝《ちがい》［種牡蠣《たねがき》ともいう］と呼ばれ、この頃にはおよそ25ミリの大きさになっている。

稚貝になると、牡蠣は基物にたどり着くために必要だったいくつかの器官、たとえば泳ぐ方向を

1億5000年前のジュラ紀の牡蠣の化石。ペルーのカハマルカ山で採集された。

決めるための目や、移動を助けた繊毛、新しい住みかとなる基物によじ登るために使った足などを退化させて失う。牡蠣が基物に固着するときは、足糸《そくし》という繊維状物質を分泌する。これは強力な接着物質で、牡蠣を岩などの基物にしっかりと固着させる。こうなれば牡蠣は捕食者に捕まったり流されたりせずに、稚貝から成貝《せいがい》に成長できる。足糸は「ひげ」と呼ばれ、食用に適さないので、料理の前に取り除かれる。

　こうして成貝に育つための最初の年を迎えた牡蠣の子供は、最初はオスだ。生まれて1年目の夏から牡蠣は1日に最高で230リットルの海水を吸い込み、鰓で濾し取ったプランクトンを餌とし、口に合わないものは殻の外に放出する。そして何十万個もの卵を受精させる。それが昔から夏に牡蠣を食べてはいけないと言われてきた理由だ。夏の牡蠣は産卵のために力を使い果たし、繁殖のために体重の

75パーセントを消耗するため、身は水っぽく、締まりがなくなって、食べてもおいしくない。最新の養殖技術によってこの言い伝えは無意味になったが、しみついた習慣はなかなか抜けないものだ。伝統的に、つづりにrがつかない月――5月（May）、6月（June）、7月（July）、8月（August）――は、繁殖期のピークに当たるため、牡蠣を食べてはいけない時期とされている。

産卵期が過ぎると牡蠣はひたすら食べて海水を濾すことに専念するようになり、ふたたび身がふっくらとし始め、私たちがよく知っているあのおいしい牡蠣になる。牡蠣の生活環境の水温が低下しておよそ4～7℃になると消化系の機能が止まり、牡蠣は休眠状態になる。水温がふたたび上昇するまで、牡蠣は冬眠する。温かい海（メキシコ湾など）で1年中産卵する牡蠣の多くは、脂肪が多くて水っぽく、歯ごたえも風味も失われるため、あまりおいしいとは言えない。1年たつと牡蠣はふたたび繁殖期に入り、マガキ属の牡蠣の場合、栄養状態などの条件によってオスの牡蠣はメスになる。

◉養殖

今日では、世界の牡蠣の95パーセントが商業的に養殖されている。養殖は牡蠣とその生息環境の両方を保護するという点で、大きな成功を収めてきた。魚の養殖と違って、牡蠣は海水を汚染しない。それどころか牡蠣は藻類の異常発生［赤潮の原因］の原因になるミネラルやさまざまな栄養素を吸い込み、濾過することで海をきれいにしてくれる。牡蠣は海水から窒素を除去し、透明度を高

稚貝は「種牡蠣」と呼ばれる。

め、海の中に持続可能性をもたらす手助けをして、他の生物を助けている。牡蠣は環境のよいきれいな海でなければ、成長し、繁殖することができない。そのため牡蠣養殖業者は化学薬品の使用を控えて養殖場の環境を守るように努力している。自然の牡蠣《かき》床《とこ》［牡蠣の生息する場所］で天然の幼生を採集する養殖業者もまだ少しは残っているが、現代の牡蠣養殖場では、たいてい牡蠣のライフサイクルの初期段階を孵化場で再現し、そこで幼生に微細藻類などの適切な栄養を与えて世話をする。幼生は海水が循環するタンクの中に入れた「カルチ」と呼ばれる基物［ホタテ貝殻など、幼生を付着させるためのもの］に付着し、稚貝の大きさまで成長すると、「種牡蠣」と呼ばれるようになる。稚貝の付着したカルチは成長するにしたがって順次大きなタンクに入れられ、「成貝」期になってから海の養殖場に移される。牡蠣が産卵から食卓に届くまでに、普通は2～3年かかる。

オーストラリアのニュー・サウス・ウェールズ州にある現代の牡蠣養殖場

種牡蠣から牡蠣を育てるには3通りの方法がある。ひとつは殻の長さがおよそ6～12ミリ程度の小さな牡蠣を、牡蠣が生息する海に撒く方法［地蒔《じま》きという］だ。牡蠣が自然に成熟するまで放置し、大きくなった牡蠣をけた網［口に枠をはめた袋状の網を船で曳いて海底の魚介をさらう］で収穫する方法で、これは天然の牡蠣を獲っていた昔の牡蠣漁のやり方に一番近い。もうひとつは牡蠣の幼生が付着した基物を網でできた袋やトレイ［格子状の箱］、あるいは格子状のケージに入れる方法である［日本では種牡蠣の付着した基物をロープや針金にいくつも通し、それを海中に吊《つる》しておく垂下式と呼ばれる方法が主流］。海が深い場所では、袋に入れた牡蠣を筏《いかだ》と浮きを使って海中に吊り下げておく。あるいは海底に牡蠣を沈めておく場合も、監視と選別がしやすいように網状の袋やケージに牡蠣を入れておく方法もある。第3は、人工育成タンクの中で牡蠣を育てる方法だ。

この方法を採用する理由はいくつかある。たとえば海に大規模な養殖に適した場所がない場合や、自然環境での養殖の邪魔になる捕食者や密猟者がいる場合だ。タンクのほうが水温や塩分濃度を適切に管理でき、牡蠣の成長を促進できるという利点もある。牡蠣の捕食者としてまず名前が挙がるのはヒトデだ。ヒトデは牡蠣に巻きついて殻をこじ開け、身を食べてしまう。アカエイや、ストーンクラブという食用の大型のカニ、英語でオイスターキャッチャーと呼ばれるミヤコドリやカモメなどの鳥も牡蠣の天敵である。

牡蠣は放っておくといくつもの牡蠣がかたまりになって成長するので、大きな牡蠣に小さな牡蠣がくっついた状態で売られているのはめずらしくない。それを避けるために、牡蠣は市場に出す前に成長の各段階で選別され、「ばらし」と呼ばれる作業が行なわれる。多くの養殖場では、牡蠣が詰まった袋やケージを海から引き上げるために巻き揚げ機を利用している。一方、水深が数メートルしかなく、野生の牡蠣が今でも生息しているような湾では、牡蠣漁師は何世紀も前からやってたのと同じように、地蒔きして育てた牡蠣を長い木製の柄のついた牡蠣ばさみ〔ふたつの大きな熊手を向かい合わせに組み合わせたような形の道具〕で船の上からすくいとる。牡蠣の収穫に使われる牡蠣船は船底が浅くて広い。船上で牡蠣ばさみを使うのはきつい仕事だ。船が牡蠣でいっぱいになると、牡蠣養殖家はばらし作業に取りかかる。ばらし用の特殊なハンマー〔片方の先端がとがった金づちのような道具〕を使って、かたまりになって成長した牡蠣をばらばらにするのである。彼らは牡蠣のかたまりにハンマーを手際よく打ちつけ、売り物の牡蠣を傷つけないように注意しながら、

ばらし用ハンマーを使って牡蠣が市場に出せる大きさまで成長したかどうかを測定する。

くっついている小ぶりの牡蠣や稚貝をはがしていく。上の写真はアメリカ東海岸で使われていた昔のばらし用ハンマーで、牡蠣が収穫を認められる大きさの3インチ（7・6センチ）になっているかどうかがすぐわかる。これより小さい牡蠣は海に戻される。

牡蠣の種類によって違うが、食べられる大きさまで成熟した牡蠣は、小さいものは2センチ、大きいものなら18センチにもなる。現代の養殖技術によって牡蠣の成長サイクルが管理されるようになる前は、メインディッシュ用のお皿ほどの大きさの牡蠣がいたそうだ。マガキは9～24か月で市場に出せる大きさになるが、クマモト［戦後に熊本から輸出された種牡蠣をもとにアメリカやカナダで養殖されるようになった牡蠣］という品種は市場に出せるようになるまでに24～60か月もかかる。太平洋岸で何十年もの歴史がある牡蠣床を持つ牡蠣生産者は、20年以上も元気に生き続けている牡蠣を何個も見たとい

よく知られた代表的な食用牡蠣

属	種	一般名称／( ) 内は外国での呼び名
Crassostrea（マガキ属）	*angulata*	ポルトガルガキ
	ariakensis	スミノエガキ（スモ，チャイニーズ）
	gasar	マングローブガキ
	gigas	マガキ（パシフィック，ジャパニーズ，ミヤギ，ファニーベイ，クッシ）
	virginica	アメリカガキ（イースタン，アトランティック，マルペック，PEI，ウェルフリート，ブルーポイント）［PEI はプリンス・エドワード島の略称で，産地を示している。］
	sikamea	クマモト（クモ）
Ostrea（イタボガキ属）	*edulis*	ヨーロッパヒラガキ（ヨーロピアン・フラット，ブロン，コルチェスター・フラット）
	chilensis	チリガキ
	lurida	オリンピアガキ（オリー）
Saccostrea（オハグロガキ属）	*glomerata*	シドニーロックオイスター

てられたかによって驚くほど違いが生じる。

う。食用の牡蠣は大きさ、形、風味が実にさまざまで、水温や養殖技術など、どこでどうやって育てられたかによって驚くほど違いが生じる。

マガキ（学名 *Crassostrea gigas*）は世界で最も広範囲で商業目的の育成や養殖が行なわれ、世界の食用牡蠣の75パーセント以上を占めている。英語では普通、パシフィック（太平洋）オイスター、ジャパニーズオイスター、またはミヤギ［日本から宮城産の種牡蠣が輸出されたため］と呼ばれている。マガキは養殖しやすく、環境の変化に強くて、育てる場所が変わっても順応しやすい。マガキの稚貝は日本の原産地から20世紀初頭にアメリカの太平洋岸に、そして1960年代なかばにフランス各地の海に、さらに世界各地に移植された。世界の牡蠣産業を救った牡蠣として知られているのが、このマガキである。

歴史ある牡蠣床の多くが、乱獲や病気による収穫量の減少に直面し、マガキを移植して窮地を脱してきた。それまで牡蠣養殖の経験がなかった土地にも、マガキは牡蠣養殖というまったく新しい産業を根づかせることに成功している。

第2章◉有史以前と古代の牡蠣

◉有史以前の牡蠣

恐竜がまだ地上をのし歩いていなかった2億3400万年前、牡蠣はすでに存在していた。化石を研究する古生物学者からは、牡蠣の長い歴史を学ぶことができる。人類が残した遺物や遺跡を研究する考古学者や、文化や社会を研究する人類学者は、こぞって有史以前の牡蠣を調査している。遺跡から出土する牡蠣は、これら3つの学問すべてにとって重要な資料となっている。牡蠣の化石が発見される場所は「貝塚」と呼ばれる。貝塚とは古代の人々が日常の食料にした貝の殻などを投棄した場所で、貝殻だけでなく動物の骨や土器や石器の破片も発見されている。これらの出土品は古代の人々の食生活や生活環境、そして社会的習慣をくわしく知るための大きな手掛かりとなる。牡蠣の歴史を調査するうえで難しい問題のひとつは、その分類だ。1950年代まで、今ではよく知られたマガキ（学名 *Crassostrea gigas*）は *Ostrea laperousii* と名づけられていた。科学者が原始時代の牡蠣を分類するのは至難の業だ。孤立した岩の上で生きる1個の牡蠣は、仲間にかこまれてやわらかい海底で生きる同じ種類の牡蠣とはまったく違う生涯を送るからである。密集した環境で育った牡蠣は押し合いへし合いしながら成長するので、殻の形がそれぞれ違う。

有史以前の牡蠣の分類に関してはさまざまな説があるが、大多数の古生物学者は、地質時代の牡蠣にはオストレア、アレクトリオニア、エクソジラ［エクソジャイラともいう］、グリフェアと呼ばれる4種類があったという点で一致している。最も古い牡蠣の化石は三畳紀（2億4800万年〜2億1300万年前）のものであり、シベリアの東の端を流れるコリマ川流域や、カナダの北極圏にあるエルズミーア島、同じくカナダのブリティッシュ・コロンビア州で見つかっている。また、ロッキー山脈のふもとの丘陵地帯、アメリカのネバダ州中西部ではシーダー山地で、そしてイタリアのシチリア島東部でも見つかっている。これらの化石はグリフェアと分類されている。グリフェア属とエクソジラ属は、捕食者から身を守るための戦略として、殻がらせん状に巻く形に進化したことで知られている。巻貝の仲間やヒトデなどの小型の捕食者は牡蠣の殻に穴を開けて身を食べ、鳥は牡蠣の汁気たっぷりの身を食べるために、牡蠣をくわえて飛び、高いところから落としてうまく殻を割ろうとした。最後には、牡蠣の硬い殻をかみ砕く丈夫な歯を持った哺乳類が進化した。

これまでに何らかの形で牡蠣の化石が発見されなかった地域は、地球上にはほとんど見当たらない。デンマークの大規模な貝塚は石器時代のもので、ムラサキガイ、ザルガイ、タマキビガイ、巻貝と一緒に牡蠣が見つかっている。牡蠣の貝塚はヨーロッパ西岸にも散らばり、スコットランドやフランスのブルターニュ地方、さらにはチュニジアでも発見されている。アメリカではカリフォルニア州の太平洋岸やメイン州の大西洋岸に沿って貝塚が見られる。テキサス州での発掘では地中1・2キロメートルの深さにある白亜紀の地層から驚くほどさまざまな牡蠣の化石が出土した。長さ3センチ未満のエクソジラ・アリエティーナ（学名 *Exogyra arietina*）もあれば、重さ2キロ以上に達するものもいる巨大なエクソジラ・ポンデローサ（学名 *Exogyra ponderosa*）もあった。南米では、ペルーのアンデス山脈にかこまれた標高2700メートルのカハマルカ県の地層から、中新世（2300万年～500万年前）の牡蠣が見つかった。

コルシカ島のディアナ湖やフランス西部のバンデ県のサン＝ミシェル＝アン＝レルムのような場所には、捨てられた牡蠣殻だけでできた島があり、何世紀にもわたる人類の牡蠣への食欲のすごさを示している。イギリスで発見される最も一般的な牡蠣の化石はジュラ紀のもので、グリフェア・アキュアータ（学名 *Gryphaea arcuata*）と呼ばれている。この牡蠣は2億2700万～1億5100万年前に生息していたが、人間が初めてその存在に気づいたのは中世になってからだ。グリフェア属の絶滅の原因のひとつはその殻の形にある。殻がらせん状に強く巻いているせいで、殻を開いて効率的に産卵するのが困難になったからだ。イギリスのサフォーク州とグロスターシャー州の周辺でよく発見されるこれらの化石は、湾曲した気味の悪い外見のせいで、悪魔が捨てた足の指の爪だと信じられ、「悪魔の足指の爪」と呼ばれるようになった。この不気味な形の化石が発見されたこ

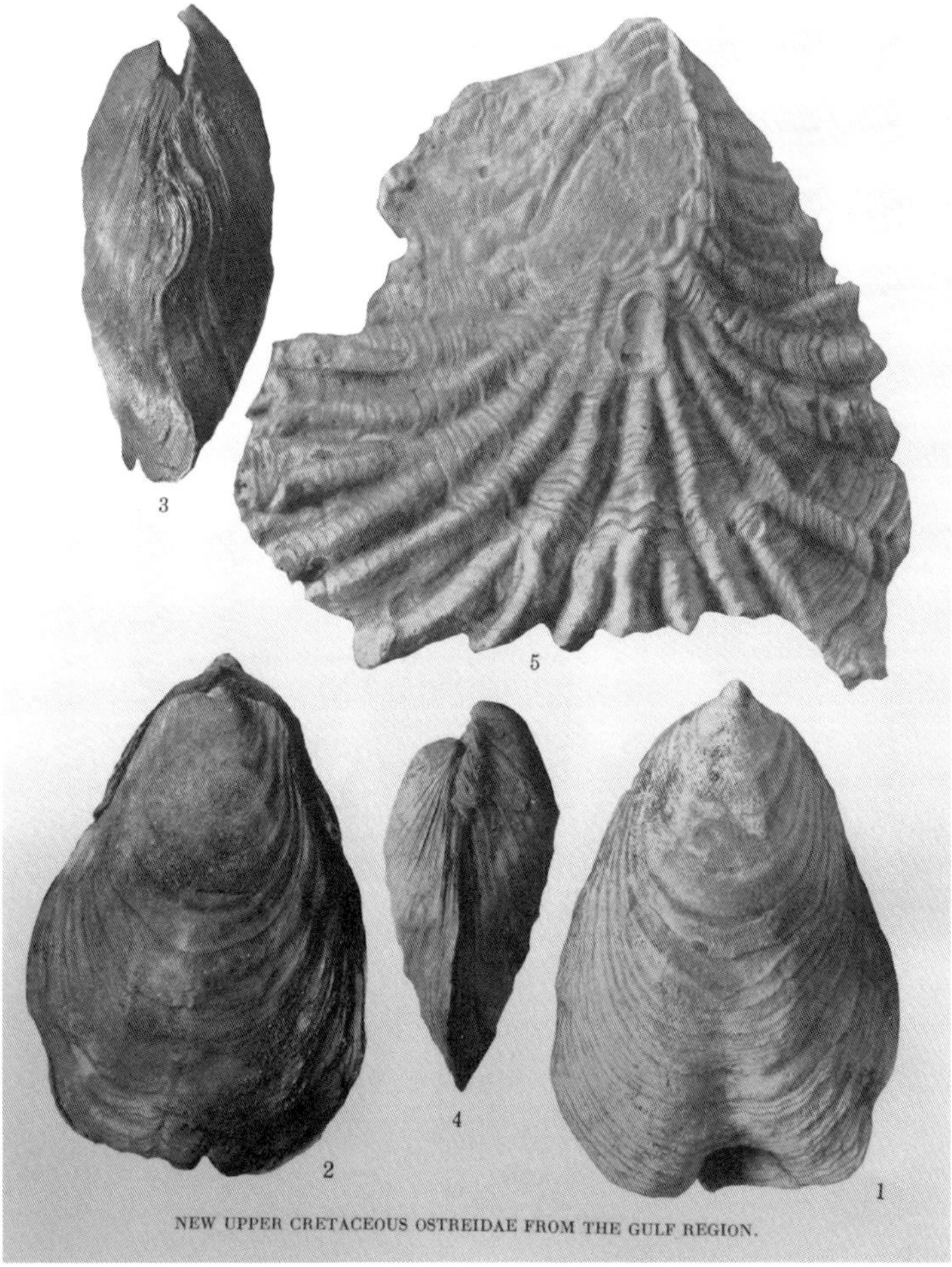

メキシコ湾岸とカリブ海沿岸から出土した白亜紀後期の巨大な牡蠣。1億～6600万年前。

グリフィアの化石。強く巻いた不気味な形から「悪魔の足指の爪」の異名がある。

とで知られるノース・リンカンシャーの都市スカンソープの紋章には、この貝殻がデザインされている。17〜18世紀の薬剤師はこの化石をすりつぶし、その粉末を関節痛の薬として処方した。この薬の効果にはある程度の根拠があったのかもしれない。今日では、骨粗しょう症の予防のために、カルシウム豊富な貝や甲殻類を勧める栄養学者もいる。

●貝塚

人類が牡蠣を大量に食べていたことを示す最も古い証拠は16万4000年前のもので、南アフリカのモーセル・ベイで発見された。この場所は「人類発祥の地」として知られ、牡蠣の養殖が今も続いている。オーストラリアには、地球最古の文明を今なお伝承していると言われるアボリジニの人々の祖先が、4万〜6万年前に数千年にわたって築いたとされる貝塚がある。ウィットサンデー諸島やクイー

オーストラリアのクイーンズランド州にあるウィットサンデー諸島国立公園では、フック島のナラ湾で牡蠣を様式化して描いた洞窟壁画が見られる。この壁画は数千年前にアボリジニのンガロ族によって描かれた。

ンズランド州の海岸地域には、アボリジニのンガロ族が少なくとも紀元前7000年から暮らしていた。彼らの多くは19世紀に白人によって土地を奪われ、強制移住させられてしまうが、ウィットサンデー諸島のフック島南東部にあるナラ湾の急斜面には、今でもンガロ族の暮らしと関係があるとされる洞窟の入り口や貝塚が見られる。この貝塚からは他の哺乳類の骨は見つかっていないため、牡蠣がンガロ族の主要なタンパク源だったのは明らかだ。狩猟採集民だったアボリジニの他の部族は、移動する獲物を追って移住生活をしていた。しかし牡蠣や他の魚介類がいつでも容易に手に入れられる海岸地域には、定住または半定住の大きな集落が作られた。

ここまでは天然の牡蠣床について述べてきたが、それでは人類はいつ、どこで牡蠣の養殖を

メイン州のダマリスコッタ川流域にあるホエールバック貝塚。貝殻は2000年以上前のもの。

始めたのだろうか。ロシアの研究者の中には、現在のウラジオストクに近い太平洋のボイスマン湾に面した沿海地方南部で、6000年前から牡蠣の養殖が行なわれていたと主張する人もいる。この地域の発掘調査によって、驚くべき発見がもたらされた。出土した貝殻の98・5パーセントがマガキと認定されたのである。発掘された貝塚は放射性炭素年代測定法によって6500年前のものと推定され、出土した牡蠣殻の85パーセントが、誕生から2年以上たった牡蠣のものだった。この割合の高さは、マガキ以外のあまり好ましくない種は排除され、残された牡蠣はより大きく、おいしく食べられるようになるまで成長してから収穫されたことを示している。牡蠣養殖の起源をめぐる議論はこれからも続くだろうが、食料の供給が不安定だった時代に、石器時代の人々が牡蠣の生態をよく理解し、まだ小さい牡蠣と大きい牡蠣を区別して、ごちそうを味わうまで辛抱強く我慢していたというのは十分考えられる。

●文明化された牡蠣

文明誕生以降の人間が牡蠣を食べていたことを示す最も古い例は、1876年にハインリッヒ・シュリーマンが発掘したミケーネの遺跡で見つかった。ミケーネ遺跡は紀元前1600〜1200年頃にギリシアのミケーネで栄えた文明の遺跡で、シュリーマンはそこで巨大な円形墓と数々の黄金の副葬品を発見した。そして円形墓の中の5つの竪穴墓のひとつに、多数の牡蠣殻と、いくつかの開けられていない牡蠣を見つけたのである。おそらく死者の食べ物として、あるいは死後の世界で神々に捧げる供え物として、一緒に埋葬されたのだろう。エジプト中王国（前２０４０頃〜前18世紀）の遺跡からは、牡蠣殻の形をした黄金の護符が発見されている。「殻」と「健康」を意味するエジプトの言葉の発音が似ていたために、殻の形の護符は健康を促進すると考えられた。

古代ギリシアの哲学者プラトン（前４２８〜３４８）は、「ティマイオス」という著作の中で魂の転生について述べ、牡蠣を卑しいものの比喩として使っている。プラトンによれば、女々しい人生を送った人間は女に生まれ変わり、人生をつまらないことに費やした人間は鳥になり、哲学についてまったく考えなかった人間はロバや牛のような荷役動物になる。そして哲学的問題を考えもせずに生きた卑しい人間は、魂が牡蠣に転生する運命をたどるという。アリストテレス（前３８４〜３２２）は『動物誌』の中で、初めて牡蠣の生態や効能を記述した。アリストテレスが牡蠣を注意深く観察したらしいことは疑いないが、彼が出した結論はとんでもなく間違っていた。アリストテレスは、牡蠣が海水と泥から自然に発生し、おそらく生物でさえないと考えていた。

牡蠣の調理法が初めて登場するのは、知られている中で最も古い料理書のひとつで、3世紀にギリシア語で書かれた『食卓の賢人たち』、そしてローマの料理書『アピキウス』（この本は4世紀末から5世紀初めにかけて編纂されたが、美食家として知られた1世紀頃のアピキウスという人物によって書かれたという説がある）である。『食卓の賢人たち』はギリシアの文筆家アテナイオスが、裕福なローマ人学者で芸術愛好家のラレンシウスが催した宴のようすを記録したもので、著者のアテナイオスは世界初のフードライターのひとりと言えるだろう。15巻からなる『食卓の賢人たち』は一見豪華な宴会の記録にすぎないように見えるが、話題は料理やワインだけでなく、世情や性道徳、世間のうわさ話などをうがった見方で述べている。牡蠣について、アテナイオスは次のように書いている。

牡蠣は川、入江、海で生殖するが、最上のものは川や入江に近い海のものである。これは形も大きく味もよく、風味もよくなるからである。浜辺の砂または岩で見つかるものは、泥土や淡水に接触することがなくて、形は小粒、身は固く、舌にぴりっとくる。春および初夏の貝類は上物になる。身がふっくらとしていて、うま味に海の香りがただよい、胃腸によくこなれがよいのである。ぜにあおい、ラパトン、魚などとともに食するもよし、これのみ食するもよし。いずれにしても滋養があり腸によい。[『食卓の賢人たち』柳沼重剛訳/京都大学学術出版会/1997年]

ローマ人やギリシア人がこれほど愛した牡蠣は、どこで収穫されたのだろうか？　ギリシアでは主要な都市はすべて海の近くに建設されていたから、ギリシア人が牡蠣を手に入れるのは難しくなかった。牡蠣を初めて養殖した国民は中国人か、さもなければギリシア人である可能性が高いと考えられている。ギリシア人の漁師は海に捨てられた陶器の破片に牡蠣の稚貝が付着しているのを見ただろう。それらの牡蠣が大きくなったら簡単に収穫できるように、小さな牡蠣がくっついた陶器の破片は、収穫しやすい海岸近くの場所に移された。牡蠣の幼生が適当なカルチ、つまり付着できる基物（この場合は陶器の破片）を見つけ、そこに付着して稚貝（種牡蠣）になると、漁師がそれをほかの場所（牡蠣床と呼ばれる場所）に移し、食べられる大きさになるまで放置するというのが当時の養殖だった。英語の「オストラサイズ（ostracize）」には誰かを「追放する」という意味がある。この言葉はギリシア語に語源があり、牡蠣とも関係がある。古代ギリシアのアテナイでは、独裁者になる恐れのある人物を追放するために市民による投票が行なわれ、一定数の票が集まればその人物を10年間［古代ギリシアのシラクサでは追放期間は5年だった］国外追放にできた。市民は追放したい人物の名前をオストラコン（ostrakon）と呼ばれる陶器の破片にきざんで投票［そのため、この制度は「陶片追放」と呼ばれる］した。ギリシア語のオストラコンという言葉［牡蠣殻を意味するという説もある］は、牡蠣を意味するオストレイオンと同じ語源に由来している。

牡蠣を手に入れるのは、ローマ人にとってそう簡単なことではなかった。首都ローマは内陸に位置するが、ローマ帝国は征服によって領土を拡大し、北はドナウ川、南は北アフリカの砂漠まで、広大な広がりを持っていた。ピュロス戦争［前２８０〜２７５年］やポエニ戦争［前２６４〜１４６年］に従軍するため、ローマ軍の兵士はイタリア半島を南下してアドリア海や地中海の沿岸に出て、そこで牡蠣に出会った。ティベリウス帝［前42〜後37］は牡蠣を好んで食べ、ローマ軍の兵士にも現在のクロアチアのマリストン湾で獲れた牡蠣を食料として支給したと言われている。その当時、この地域はローマの属領イリュリクムだった。ローマ帝国がグレートブリテン島南部とブルターニュ半島の大西洋岸に進出し、その土地と人々を征服したとき、ローマ人はヨーロッパヒラガキ（学名 *Ostrea edulis*）を発見した。引き潮になると干潟に何万個もの牡蠣が露出し、北部ヨーロッパ領土の沿岸部に駐屯していたローマ兵は、戦いを中断して牡蠣を獲ったに違いない。ドイツやスイス内陸部に残る古代ローマの衛兵詰所の遺跡を発掘すると、牡蠣が遠方まで氷詰めにされて輸送されたという仮説が裏付けられる。牡蠣は商船に積まれ、内陸に遠征する軍隊のもとに運ばれたという説もある。115年にアピキウス［料理書『アピキウス』のもとになった人物とは別人］という調理人が、メソポタミアに遠征中のトラヤヌス帝に大好物の牡蠣を新鮮なまま届ける方法を考案した。当時ですら、牡蠣は過食の対象になる食料だった。セネカは1週間に1000個の牡蠣を食べ、ローマの皇帝ウィッテリウス［15～69］は1回の食事に1000個の牡蠣を食べたという伝説もある。

●養殖の始まり

牡蠣の養殖を最初に始めたのがどの文明だったかはさておき、牡蠣の養殖技術に関する最初の記録は、ローマの博物学者大プリニウス（23～79）の『博物誌』に登場する。

牡蠣養殖場はマルシア戦争〈前91～88年〉の前、雄弁家ルキウス・クラッススの時代に、セルギウス・オラタによって初めて発明されバイアエ湾に設けられた。彼の動機は食い意地などというよりも強欲にあった。そして彼はその実用的な発明の才によって大儲けをした。［『プリニウスの博物誌』中野定雄・中野里美・中野美代訳／雄山閣出版／1986年］

オラタのやり方は画期的だった。遠くから運ばれてくる牡蠣の人気を見て、カンパニア州のルクリヌス湖（現在のルクリーノ湖）にダムと運河を建設し、海の潮流から牡蠣を保護する人工の牡蠣床を作る方法を考えついたのである。オラタは浮遊する牡蠣の幼生を捕まえるために、産卵する牡蠣の成貝のまわりに小枝を置き、付着した稚貝を新しく作った牡蠣床に移植するという新しい養殖法を編み出した。ローマ市民で、建築家で文筆家でもあるウィトルウィウスは、床下暖房を発明したのはオラタだと述べている。この発明のおかげでオラタは寒い冬の間も牡蠣を死なせずにすんだ。オラタが本当に床下暖房の発明者かどうかは議論の余地があるが、彼は巨大な水盤を柱で支え、その下に暖炉を設置したと伝えられている。そして暖まった空気が配管を通って水盤を温め、牡蠣が凍えて死ぬのを防いだ。この配管システムはまもなく公衆浴場で湯を循環させる目的で利用されるようになり、「宙吊り浴槽」はローマ帝国全土の公衆浴場に広がった。

オラタがルクリヌス湖の公共の資源を利用することに対してローマの徴税人コンシリウスが訴訟を起こしたとき、有名な弁論家のルキウス・クラッスス［前140～91］はオラタを弁護した。裁判所の文書には、オラタの宴会でどれほどたくさんの牡蠣が出されたかをクラッススが語った内容が記録されている。

これらの牡蠣床からそれほど遠くない場所に大きな屋敷があって、この裕福なローマ人はそこに気に入った友人たちを集めて、昼も夜も続く宴会を開いてもてなした。牡蠣はセルギウス・オラタの食卓の中心に置かれていた。宴会のたびに数千個の牡蠣が消費された。美食を楽しむ客たちはたらふく食べてもまだ満足せず、隣の部屋に引っ込むと、わざと胃の中のものを吐き出し、また宴会に戻って、新鮮な牡蠣に舌鼓を打った。

ローマ人の牡蠣に対する愛着は数多くの芸術作品に表現されている。中でもすばらしいもののひとつは、ニューヨークのコーニング・ガラス博物館に展示されているポプロニア・ボトル［3世紀末～4世紀初頭］である。これは高さ18・4センチ、直径12・3センチの優美な緑色のガラス瓶だ。このガラス瓶が現在まで残っていること自体が驚異だが、瓶にきざまれた模様もまた非常に興味深い。ローマのガラス製作者は、切込み細工で装飾を施してからガラスを研磨するのが普通だったが、このポプロニア・ボトルには模様が深くきざみ込まれている。描かれているのは支柱からぶら下がるロープに牡蠣が詰まった袋が吊されている光景と、その光景を説明するオストリアリア［牡蠣養殖場という意味］という言葉だ。この図は当時の魚介類の養殖技術を示すもので、牡蠣を洗浄し、いくつかの牡蠣のかたまりをばらしたり、分類したりする手順が容易に見て取れる。

優美な緑色のポプロニア・ボトル。牡蠣養殖場の図と、オストリアリアという説明の言葉がきざまれている。支柱からぶら下がるロープに牡蠣がいっぱい入った袋が吊されているのがわかる。

◉牡蠣を愛した古代ローマ人

古代ローマの貴族は自分たちの食通ぶりを自慢し、数種類の牡蠣の味を比較して知識をひけらかした。1世紀のローマの将軍・政治家で、文筆家でもあったガイウス・リキニウス・ムキアヌスは、小アジア（現在のトルコ）のマルマラ海沿岸の都市キュジコスで収穫された牡蠣を絶賛した。キュジコスの牡蠣はルクリヌス湖の牡蠣より大きく、ブリタニア［イギリス南東部］の牡蠣より新鮮で、メドゥラ（ワインで有名なボルドー近郊の都市。現在のメドック）の牡蠣より甘く、エフェソス［トルコ西部の古代都市］の牡蠣よりうまみがあり、イリキ［地中海に面したスペインの都市。現在のエルチェ］の牡蠣よりふっくらして、コリファス［マルマラ海に面した小アジアの都市］の牡蠣よりぬるぬるせず、イストリア［アドリア海に面したイストラ半島］の牡蠣よりやわらかく、キルケイイ［地中海に面したイタリアの都市。現在のチルチェーオ］の牡蠣より白いとムキアヌスは称賛している。

古代ローマの人々の牡蠣に対する愛着は数々の著述に表れている。単なる食べ物にすぎない牡蠣について、詩人のホラティウス、政治家で哲学者のキケロやセネカ、詩人のマルティアリスやユウェナリスといったそうそうたる顔ぶれが、何らかの意見や感想を書き残している。ユウェナリスは知人のローマ市民について、「食べることにかけては誰にも引けを取らないモンタヌスは、牡蠣を一口かじればどこで獲れたか当てられた」と風刺詩に書いている。

『食卓の賢人たち』によれば、紀元前4世紀のギリシアの医者ムネシテウスは「食用論 Comestibles」という論文の中で、次のように警告している。

牡蠣、メライニス、貽貝、そのほかこれに類するものは、胎内に塩水を含むために、それを食べてもこちらの体に同化しにくい。それゆえ生で食べると、この塩分のために腸に対して下痢の作用をし、煮ると、その塩分のすべて、ないしは大部分が煮汁の中に出てしまう。焼いた場合は、その焼き方が上手であれば、火を加えられることによって無害の食品となる。それゆえ焼いた場合は、腸を緩める原因となっていた水分が乾いてしまうために、生の場合のように消化が悪いということがなくなる。すべての貝類の滋養は水分の中にあって消化が悪い。(『食卓の賢人たち』より)

大量の生牡蠣が消費されていたところを見ると、ローマ人のほとんどはこの記述を信じなかったのだろう。古代ローマが終焉を迎えてから、ヨーロッパで牡蠣が話題になることは中世になるまでほとんどなかった。その代わりに、牡蠣は今度は東洋で黄金時代を迎えようとしていた。

第3章◉アジアの牡蠣

西洋文明が興亡を繰り返している間に、牡蠣に対する情熱ははるか東のアジアに拡大した。真珠［真珠貝は英語で pearl oyster と呼ばれ、牡蠣の仲間に入れられているが、実際には牡蠣との近縁関係はない］を取るため、そして食べるために、牡蠣の人気は高まった。古代ギリシアやローマの人々が牡蠣の養殖を行なっていたのはわかっているが、中国では紀元前475年に政治家の范蠡《はんれい》が、魚介類の養殖に関する中国最古の書物『養魚経《ようぎょけい》』を著した。漢王朝時代（前206～後220年）には牡蠣の養殖が行なわれていたという記録もある。

◉中国の牡蠣

唐の時代（618～907年）になると、中国の長い海岸線に沿って、あらゆる種類の牡蠣が収穫された。『中国の黄金時代――唐の日常生活 *China's Golden Age: Everyday Life in the Tang Dynasty*』

（2004年）の著者チャールズ・ベンは、皇帝一家の普段の食事について、「シナモン、花椒《かしょう》［サンショウの一種］、カルダモン、ショウガなどのスパイスで味つけしたクラゲのほかに、ワインとともに牡蠣を楽しんだ」と書いている。唐の玄宗皇帝が即位して4年目の716年に、香港から23キロメートル北に位置する吐露港で天然真珠が発見された。残念なことに、この発見は真珠の乱獲につながった。潜水夫は重い石を重りとして身につけ、体にロープを巻き付けて、サンパンと呼ばれる小さな漁船から海に飛び込んだ。船上で待つ仲間がそろそろ頃合いだと判断すると、潜水夫と真珠が引き上げられた。潜水夫の死亡率は非常に高かったが、唐の第17代皇帝文宗《ぶんそう》（809～840）は牡蠣に目がなかったので、漁師たちは報酬も与えられず、命の危険も顧みず、君主に牡蠣を捧げるように命じられた。

言い伝えによれば、ある日とてつもなく大きな牡蠣が皇帝のもとに届けられたが、誰もその化け物のような牡蠣を開けることができなかった。皇帝が腹を立ててその牡蠣を捨てようとすると、牡蠣はひとりでに開いて、中から慈悲の女神である美しい観音像が現れた。皇帝は恐れおののき、その観音像を金で内張《うちばり》した白檀《びゃくだん》［香りがよく香木として使われる木］の箱に納めるように命じて、賢者として名高い惟政という地元の仏僧に観音像が出現した意味をたずねた。仏僧は、「観音菩薩は皇帝が慈悲と寛容の心を持ち、その御心が虐げられた人々への哀れみに満ちることを願って姿を現されたのです」と答えた。文宗は牡蠣の強制徴収をやめたという。

しかし唐が滅んだ後、牡蠣の強制的な収穫がふたたび始まった。新たな王朝は、中国南部の海上で小型船を住居にして暮らす南海人（蛋民《たんみん》と呼ばれる水上生活者）を奴隷化して牡蠣を獲らせた。牡蠣漁の方法はあまり進歩せず、死亡率は依然として高かった。牡蠣漁師からの激しい反発が起きると、地元の長老である張維寅《ちょういいん》はこの風習を改めるよう権力者を説き伏せ、皇帝の命で潜水による牡蠣漁は廃止された。しかしこのような牡蠣漁はその後も明［１３６８〜１６４４年］王朝まで断続的に行なわれた。貧しい人々は真珠を取り出した後の真珠貝や、身を食べた後の牡蠣殻を焼いて石灰の原料にした。１３７４年に吐露港内の牡蠣床はもう牡蠣が取りつくされてしまったことが明らかになり、香港からおよそ５００キロメートル西の雷州《らいしゅう》湾で新しい牡蠣床が開発された。古代中国のどこで牡蠣が取れたかは推測するしかないが、現代の中国では、渤海から南シナ海まで、20か所以上で牡蠣が養殖されている。

伝統的な漢方薬の考え方は道教に基づいている。道教は人間を自然の一部とみなし、人間は自然と調和して生きる必要があるという教えだ。道教では、この世に生きるすべてのものが陰と陽のバランスに支配されていると考える。陰は暗く、冷たく、湿ったもの、そして女性的なものであり、陽は明るく、温かく、乾燥したもの、そして男性的で生命力にあふれたものだ。この考えによれば牡蠣は「冷たすぎる」と考えられ、生で食べるのは体によくないとされている。焼いて石灰の原料にする以外にも、牡蠣殻は何世紀もの間、ボレイと呼ばれて薬用に用いられてきた。粉末にした牡蠣殻には塩味と体の熱を冷ます作用があると考えられ、腎臓や肝臓に効くと言われている。また、「気分」を穏やかにする作用があり、動悸や不安、いらいら、不眠に効果があると考えられている。

香港の港町、流浮山の魚市場で、網の上に天日干しされて大量に売られる牡蠣。

◉オイスターソース

塩を振ってから干物にした牡蠣は、殻を開けていない牡蠣よりも格段に輸送しやすく、大量販売可能な商品である。中国では牡蠣は主として干物にして売られ、牡蠣の干物には生牡蠣をそのまま干したものと、火を通してから干したものの2種類がある。火を通してから作る干し牡蠣には、オイスターソースを作る過程でゆでた牡蠣が使われる。とろりとして粘り気があり、濃い茶色をしたオイスターソースは、甘みと香ばしさ、牛肉のような風味と素朴さがあって、うまみにあふれ、ほんの少し謎めいた味がする。

オイスターソース造りには数百キログラムもの生の牡蠣の身が必要だ。まず牡蠣の身に塩を振り、洗ってゆでる。このゆで汁を濾して、さらにそこに新たな生牡蠣を加え、もう一度煮る。ソースが煮詰まらないように注意し、水を足しながら煮て、適当な濃さになったら大きな素焼きの鉢に入れて冷まし、陶器の壺に濾し入れる。数百キログラムの牡蠣から20キログラムほどのオイスターソースができる。壺にしっかりふたをしたら、１年以上熟成させる。オイスターソースを作るためにゆでた牡蠣は、干物にして利用できる。フレデリック・シムーンズは、すぐれた著書『中国料理 *Food in China*』（１９９０年）の中で次のように書いている。

> 最初の５～６時間は太陽の下で、その後12時間は日陰で干す。そうやってできた牡蠣の干物は、つやを出すためにピーナツ油を塗り、大きな竹籠に入れて市場で売る。火を通した牡蠣の干物は１週間程度なら保存でき、生のまま干物にした牡蠣に比べれば味は劣るが、値段はずっと安い。生から作った牡蠣の干物はたいてい瓶に入れて売られている。

オイスターソースは中国料理とベトナム料理に欠かせない調味料として、焼きそば、ブロッコリーと牛肉の炒め物のような人気のある料理の味つけに広く使われる。オイスターソースに醤油や食塩水や調味料など、牡蠣以外の成分を加えることに対しては賛否両論がある。オイスターソースは１８８８年に広東省の南水郷という村に住む李錦裳《りきんしょう》が発明したと伝えられる。李錦裳は牡蠣料理を出す小さな食堂を営んでいた。オイスターソースが生まれた日のことは、このように語られている。

現在市場で売られているオイスターソースは何十種類もある。写真はその一部。

ある日、彼はいつものように牡蠣を料理していたが、うっかり時間を忘れてしまい、気づいたときには濃厚な香りが立ち昇っていた。鍋の蓋《ふた》を開けてみると、普通ならば澄んだ牡蠣のスープがとろっとした茶色いソースに変わっていた。そのかぐわしい香りと、何とも言えない味わいに李錦裳は驚いた。

李錦裳の話はおそらく伝説だろう。これよりも前にオイスターソースが存在したという記録があるからだ。たとえば1875年に「チャイナ・レビュー」誌［1872年から香港で刊行されていた学術誌で、中国で暮らす外国の学者による記事が掲載されていた］が「中国の牡蠣養殖」と題する記事の中で、「ハオユーという牡蠣のソースはとてもおいしく、他の国の料理にも合うだろう」と述べている。李錦裳がオイスターソースを初めて作ったのではなく、オイスターソースのすぐれた作り方を考え、それを商品化した初めての人物だったのだ。彼は李錦記《りきんき》という会社を興し、オイスターソースを瓶詰にして大々的に売り出した。今や世界中で調味料を製造販売する大企業である。

●日本の牡蠣

中国はアジアで初めて牡蠣を大規模に養殖した記録が残る国だが、他の国々でも牡蠣の養殖は行なわれていた。日本では16世紀に現在の広島県で牡蠣の養殖が始まった。広島は昔からアサリの産地で、浅い海に篊《ひび》と呼ばれる竹の柵を立ててアサリが育つ場所をかこっていた。この竹の柵に牡蠣の幼生が付着し、日本の漁師はアサリよりも牡蠣のほうが高く売れることを知り、牡蠣の養殖を始めたのだろう［さらに原始的な養殖法として、干潟にばらまいた小石に牡蠣を付着させて成育を待つ石蒔《いしまき》法《ほう》や、砂の上に直接稚貝を撒く地蒔法《じまきほう》も行なわれていた］。

篊建《ひびた》て法による牡蠣の養殖は長い間続いたが、昭和初期になると、現在も続く垂下式《すいかしき》養殖法が考案された。垂下式養殖法では、穴をあけたホタテガイの殻をロープに通して海中にぶら下げておき、牡蠣の幼生が付着するのを待つ。そして幼生が付着したホタテガイを1本のロープに何十枚も通して「連《れん》」と呼ばれるものを作り、それを筏《いかだ》か、杭を打って作った棚から海中に吊《つる》して（同じ技術は第2章で紹介した古代ローマのガラス瓶の図案にも描かれている）、牡蠣が収穫できる大きさ

19世紀に描かれた日本の牡蠣売りのちりめん絵（版画を刷った後に紙を圧縮してちりめん織物のように加工したもの）。

になるまで育成するのである。

垂下式養殖法では、産卵後に海中を浮遊している牡蠣の幼生を7月～9月頃にホタテの貝殻に付着（採苗《さいびょう》という）させ、秋になると稚貝のついたホタテの貝殻を、満潮時は水に浸かり、干潮時は海面より上に出る高さに作った棚に吊す。これは抑制と呼ばれる期間で、抑制棚に吊された牡蠣は海中にいる間しか餌を食べられないので成長が抑制されるが、日光や空気にさらされるため、環境の変化に対する抵抗力がつき、弱い稚貝は淘汰されて、生命力の強いものが残る。抑制を終えた牡蠣はようやく沖合の筏に移されて海中に吊され（本垂下《ほんすいか》という）、収穫まで育成される。抑制された牡蠣は筏に吊すとぐんぐん成長し、病気にも強く、丈夫に育つ。抑制期間はおよそ3か月から半年で、こうやって育てられた牡蠣は採苗の翌年の秋から

真珠の販売で有名なミキモトの海女たち

さらに次の年の春にかけて収穫される。海の深い場所を利用する筏式垂下養殖法によって養殖できる水域が広がり、一本の連を長くして多数のホタテガイを吊せるため、牡蠣の養殖産業は大きく発展した。

日本では真珠の養殖が始まるまで、大昔から海女《あま》と呼ばれる女性が海に深く潜って、海底から天然のアコヤガイ（真珠貝）を採集してきた。18～19世紀の浮世絵には、美しく魅力的な海女を描いた作品が数多く見られる。大正から昭和の初めの頃まで、日本の海女は腰に木綿の布を巻きつけるか、ふんどしだけを身につけ、頭には手ぬぐいを鉢巻きにして、上半身は裸のままというのが当たり前の姿だった。日本を訪れた外国人は、海面に顔を出した海女が息を吐くときの笛のような音（磯笛と呼ばれる）を聞いて、海女は人魚を偵察していたのではないかと考えたかもしれない。

◉世界の牡蠣を救った日本の牡蠣

江戸時代（1603〜1868年）の日本の真珠の中心的な産地は現在の九州地方や三重県だった。日本の真珠は世界でも高く評価され、広い地域に輸出されていたが、江戸時代に日本の牡蠣が海外で食べられていたという記録はいっさいない。日本が牡蠣の養殖で世界的に有名になったのは、食物史の中でも特に有名な2種類の牡蠣、マガキ（学名 *Crassostrea gigas*）とクマモト（学名 *Crassostrea sikamea*）を生み出したおかげだ。アメリカでは19世紀末に、病気と乱獲、そして牡蠣床の広範囲の汚染が原因で、東海岸でも西海岸でも収穫できる牡蠣の量が激減した。牡蠣は、アメリカでは20世紀初めまで、特に貧しい労働者にとって手に入れやすい食品であり、当時アメリカの漁場の3分の1はアメリカガキやオリンピアガキを養殖していた。アメリカ太平洋岸のワシントン州、オレゴン州、カリフォルニア州の牡蠣養殖家は東海岸から出荷される種牡蠣に頼っていたが、種牡蠣はしだいに高価になり、量も減る一方だった。

日本とアメリカ政府の研究員の仲立ちによって、まず1902年に日本からマガキの種牡蠣が太平洋岸北部にあるワシントン州のサミッシュ湾に、続いてピュージェット湾に送られた。マガキは1904年には同州ウィラパ湾に出荷され、ワシントン州に隣接するカナダのブリティッシュ・コロンビア州には1912年頃に出荷されている。何種類かの牡蠣の移植が試みられたが、窮地に立っ

世界の牡蠣産業を救った日本の牡蠣のひとつであるクマモト。今や世界中で人気を博している。身殻はカップ状に深くくぼみ、小ぶりな身は一口で食べられる。まろやかな塩味とかぐわしい風味があり、後味に絶妙な甘みを感じる。

たアメリカの牡蠣産業を救ったのは宮城県産のマガキである（アメリカでは「パシフィック・オイスター」あるいは「ミヤギ」などと呼ばれている）。マガキは新しい環境に対する適応力が強いため、アメリカ原産のオリンピアガキが生息していた場所をほとんど奪ってしまった（南はカリフォルニア南部から北はカナダまで、異なる生息環境で繁殖に成功している）。またマガキは病気に強く、何種類もの病気に対する抵抗力があった。

残念なことに、第二次世界大戦が勃発すると日本からの種牡蠣の出荷は停止されたが、ダグラス・マッカーサー将軍の指示により、1945年に再開された。マッカーサーは戦争中に定められた通商停止の解除に尽力し、日本政府に8万箱の種牡蠣の輸出を求め、そのほとんどが宮城県松島湾から出荷された。しかし日本の牡蠣産業は戦争の打撃を受けており、宮城産の種牡蠣も数が限られていた。そこで日本は試験的に熊本県から30箱のクマモトの種牡蠣を送り、足りない分を補った。クマモト［和名はシカメガキ］は九州の有明海や八代海《やつしろかい》（不知火海《しらぬいかい》）で自生していた牡蠣だが、身が小ぶりなため、大きくて成長の速い牡蠣を好む日本人には人気がなかった。クマモトは殻長《かくちょう》が5センチ程度にしかならず、成熟するまでに3年もかかる。しかしアメリカではこの牡蠣の繊細でほのかな味わいが好評で、たちまち絶大な人気を獲得した。

戦後、種牡蠣はふたたび定期的に輸出されるようになった。種牡蠣の出荷は手がかかる作業だ。まずロープに取りつけた採苗用のホタテガイの貝殻を海から引き上げ、ホタテガイをロープからはずす。洗浄して、道具を使って種牡蠣をホタテガイからはずす。この仕事をするのはほとんどが女性だった。それから種牡蠣を木箱に入れ、２００箱以上積める船に慎重に積み込む。生きた牡蠣は温度の高い船倉では死んでしまうので、船員の目が届く甲板に積む必要があった。箱の上からござをかけ、２週間の船旅の間、１日２回水をかける。下のほうの牡蠣が乾くといけないので、箱をあまり高く積むことはできない。第二次世界大戦後は毎年10万箱の種牡蠣が輸出された。１９７０年代になってアメリカの牡蠣産業が独自の種牡蠣を養殖できるようになるまで、日本からの牡蠣の輸出は続けられた。

クマモトが生き残ったのは運命のめぐり合わせだ。１９５６年に、クマモトのふるさと熊本県八代海の水俣湾に面する水俣市で奇病が発生し、水俣病と命名された。原因はチッソという企業の工場が1932年から1968年まで、水俣湾と八代海に垂れ流しにしたメチル水銀だった。メチル水銀が混ざった工場排水が海に流れ込んだため、水俣湾周辺の魚介類が汚染され、それを食べた人や動物は、重い手足のしびれ、視野や聴覚の異常、言語障害などの症状に苦しんだ。重い障害を負って生まれた子供もたくさんいる。現在までに水俣病の患者およそ1800人が亡くなっている。奇病の発生地として水俣市全体が偏見の目で見られ、水俣湾では漁業ができなくなった［1997年に安全宣言が出て漁業が再開された］。アメリカで絶大な人気を誇るクマモトは、その誕生の地である熊本ではもはや生産されていない［実際には水俣病が原因というよりも、熊本では海苔の養殖に押されて牡蠣の生産が減少した。現在では熊本産のクマモトを復活させるため養殖が始まっている］。

日本の種牡蠣によって窮地を救われたのはアメリカだけではなかった。1960年代まで、フランスのブルターニュ地方とノルマンディー地方の海岸沿いの地域はポルトガルガキ（学名 *Crassostrea angulata*）とヨーロッパヒラガキ（学名 *Ostrea edulis*）の産地として有名だった。ヨーロッパヒラガキは繁殖力の強いポルトガルガキに押され、病気の流行もあって数が激減していた。さらに1960年代末からギル病［ウィルス性の鰓の病気］が発生し、ポルトガルガキがほとんど全滅する事態となった。このとき牡蠣の産地として名高いマレンヌ・オレロンをはじめ、衰退しかけたフランスの牡蠣生産地を復活させる力になったのが、日本のマガキ（学名 *C. gigas*）なのである。

フランスの牡蠣復活作戦は、カナダのブリティッシュ・コロンビアから訪れた専門家による調査に始まり、二方向から進められた。ひとつは健全な牡蠣の保護区［繁殖のために収穫が禁止された区域］

を作ること、もうひとつは牡蠣の生産者に病気に強いマガキの稚貝を提供することだ。１９７１～75年にかけて、カナダからはマガキの成貝が、日本からはマガキの稚貝が導入された。カナダのマガキは1世紀前にカナダの牡蠣生産者を救った日本のマガキと同じ種類である。こうしてブールニャフ湾、アルカション湾、マレンヌ・オレロン、ラ・ロシェル、ジロンドといったフランスの主要な牡蠣生産地に日本のマガキが広がった。ポルトガルガキがほぼ全滅してから10年後、今度はヨーロッパヒラガキが寄生虫によって80パーセント減少してしまった。現在、フランスでは年間１５００トンのヨーロッパヒラガキと、13万トンを超えるマガキを生産している。まさに日本の牡蠣がフランスの牡蠣産業を救ったと言えるだろう。

今では中国と日本の牡蠣生産量を合わせると、世界の総生産量の80パーセント以上を占めるまでになった。１００年前は世界最大の牡蠣生産国はアメリカだった。韓国もまた養殖牡蠣の一大生産国で、生産量は年間30万トンを超える。しかし、第二次世界大戦後に危機に瀕した世界の牡蠣産業を救った立役者は、なんといっても日本である。

第4章 ● 中世から19世紀までの牡蠣

●中世ヨーロッパの牡蠣

5世紀に西ローマ帝国が滅亡した後、ヨーロッパでは牡蠣を食べることに関する記述は見られなくなる。読み書きができる聖職者は何よりも教義が大事で、食べ物には関心がなかった。だからこの時期に世界で牡蠣が食べられていたかどうかは、考古学者の研究から知るしかない。1980年代にイギリスのイースト・ミッドランズのレスターで実施された3か所の考古学的発掘調査によって、ヨーロッパヒラガキが1世紀から4世紀にかけてと、1100年代から1500年代にかけて食べられていたことが明らかになった。地層の中の微妙な違いから、牡蠣床の使い方の変化が判断できた。古い地層から出土する牡蠣の化石はかなり大きいので、当時の人々は牡蠣が大きくなるまで辛抱強く待ったことがわかる。それから数世紀後には、人々が食べた牡蠣はぐっと小さくなる。

彼らの祖先と違って、牡蠣が大きく育つのを待ちきれずに食べてしまったのだろう。この違いを説明する理由のひとつは、交易ルートの衰退だ。かつて牡蠣は裕福なローマ市民のごちそうだったが、ローマ帝国の崩壊後は、地元の村民の日常的な食べ物にすぎなくなった。

スカンジナビアでは石器時代から現代まで、どの時代の貝塚からも牡蠣が出土し、牡蠣が継続的に食べられていたことがわかる。1878年3月に『博物学 *Magazine of Natural History*』誌に掲載された「牡蠣の地域的分布」と題する記事の中で、執筆者のG・ウィンザーは、牡蠣は次のような地域に生息していると述べた。

［ユトランド半島とその周辺では］ヘルゴランド島、シュレースウィヒ西岸、リムフィヨルド、カテガット海峡のオールベック湾、ユトランド半島東岸、ホーセンス・フィヨルドまで。スカンジナビア半島沿岸では、スウェーデンのイェーテボリの南からノルウェーのクリスチャニア［現オスロ］の入り江にかけてと、ノルウェー南岸から西岸を北上し、北極圏に近いトレネン島まで。

バイキングは、クナール［1本マストの貿易船］という貨物船を小型にしたようなカーブと呼ばれる船でこれらの海域を駆けめぐった。クナールもカーブもどちらも戦争や輸送の目的で建造された船だが、カーブは岸に近くて牡蠣が豊富に獲れる浅い海を自由自在に航行できた。バイキングは

エセックス州のコルチェスターはおそらくイギリス最古の都市で、ローマの属州時代にはカムロドゥヌムと呼ばれた。ローマ時代から現代まで牡蠣の産地として知られている。

いくらでも牡蠣を収穫できたし、実際に食べてもいたが、牡蠣を食べるのは男らしくない軟弱な行為だと考えられていた。7世紀の伝説的なスウェーデン王インギャルドは、火を通したものを食べるばかりでなく、牡蠣を食べるというので名高い戦士スターカドに非難された。当時はどちらも真のバイキングにふさわしくない恥ずべきふるまいとみなされていたのである。

●イギリスの牡蠣

5世紀から11世紀の間、イギリスではアングロ・サクソン人の王国が興っては消えた。有名なバイユー・タペストリー［1066年のノルマン・コンクエストの情景を刺繍で描いた作品。ノルマンディーの都市バイユーで発見された］に描かれた最後のサクソン人の王ハロルド2世（1022〜1066）は、イギリス南東部の都市コルチェスターから16キロ南にある小さな漁村ブライトリングシーにモヴァロンズという名の領地を所有していた。モヴァロンズの採石場を発掘すると、椀《わん》、機織《はたお》り用の経糸《たていと》重り［経糸に結びつけて糸をぴんと張っておくための重り］、そして多数の牡蠣殻など、アングロ・サクソン人の生活を解き明かす重要な遺物が発見された。

牡蠣殻の多さは、牡蠣が食料源のひとつとして利用されていたことを物語る。ノルマンディー公ウィリアムがハロルド2世を倒してイングランド王となった1066年のヘイスティングスの戦いから20年後、征服王と呼ばれたウィリアム1世の命令によって、1085年に世界初の土地台帳であるドゥームズデイ・ブックが作られた。漁場は重要な王の資産としてその中に記録されている。ドゥームズデイ・ブックが作られた目的は、土地の所有者を明確にして課税の基本にするとともに、デーン人の侵入に備えて兵力を蓄えることにあった。土地の所有者とその資産を記録したドゥームズデイ・ブックは、歴史家にとって幅広い情報が得られる貴重な資料となっている。たとえばトルズベリーの町には、「漁場、塩の貯蔵庫3軒、馬2頭、牛10頭、羊300頭」が記録されている。エセックス州の田舎町トルズベリーはブラックウォーター川の河口に位置し、ローマ時代には人気のある牡蠣床だった。近くに立つ教会は、ノルマン・コンクエストの前後にローマ時代の遺跡の上に建設されたものだ。トルズベリーはローマ時代から地元に生息する牡蠣を食べ続けている数多くの土地のひとつである。

●「魚の日」と牡蠣

中世ヨーロッパは、獣や鳥の肉を断って魚を食べる「魚の日」というカトリックの習慣を守っていた。昔は水曜、金曜、土曜に加えて、降臨節《こうりんせつ》［クリスマス前の約4週間］、四旬節《しじゅんせつ》［復活祭前のお

ヤーコブ・ファン・マールラントによる中世の手書きの本『自然の精髄 *Der naturen bloeme*』(1350年頃) に描かれた牡蠣。

よそ40日」、そして多数の祝日が、肉を食べない日と定められていた。この習慣が世界の漁業の成長を後押ししたと言えるだろう。中世の俗信では、食事のときに魚介類と鶏肉を一緒に食べるのはよくないとされていたが、18世紀になると土曜の晩餐のごちそうとして、雄鶏［去勢して太らせたもの］やアヒルに牡蠣の詰め物をして焼いた料理が出るようになった。中世初期にはアングロ・サクソン時代の詩となぞなぞを集めた「エクセター本」が作られ［成立は10世紀とされ、1072年に写本がエクセター大聖堂に寄贈された］、その中に牡蠣が登場している。

私は海から食べ物をもらった。舵輪《だりん》が私の上を通りすぎ、
地面の近くで波が私を覆った。
私には足がなかった。私は水に向かって

何度も口を開けた。誰かが
私の肉を食べるだろう。私の皮を欲しがる人はいない。
誰かがナイフの先で私の皮をはぎ、
生きたまま私を食べるだろう。

●牡蠣を愛した王たち

ローマ時代に書かれた料理書の『アピキウス』以来久しぶりに、リチャード２世［１３６７〜１４００］の宮廷料理長が書いた料理書『料理の方法 *The Forme of Cury*』（１３９０年頃）に牡蠣が登場する。この有名な中世の料理書は、牡蠣を使った甘い料理と塩味のきいた料理の作り方をそれぞれ紹介している。たとえば牡蠣のむき身をワインと牡蠣の汁で煮て、砂糖とスパイス、あるいはタマネギとハーブを加えた料理がある。牡蠣の需要が増えると新しい輸送法が考案され、長い間途絶えていた沿岸と内陸の都市の間の取り引きが復活した。牡蠣は海水を満たした樽に入れられて内陸に住む人々に届けられた（こうすると牡蠣は２〜３週間は生きたままでいられた）。道路は原始時代そのままで、牛車の速度も遅かったため、牡蠣は沿岸の町から遠く離れた場所では依然として入手しづらかったものの、牡蠣の消費は少しずつ拡大していった。

イングランド王エドワード２世（在位１３１２〜１３２７）は、コルチェスターのセント・デニーズ祭り――最初は１３１８年９月に開かれた――を、10月末の牡蠣のシーズンの始まりに合

ヨハンネス・ストラダヌスが1550年頃に作成し、1613年に印刷された牡蠣漁を描いた図版。手漕ぎの船の上から網で牡蠣をすくい、岸に運んで処理している。

わせて開くように命じた。これが世界で初めての牡蠣祭りである。コルチェスターの中世祭りとオイスター・フェア・マーケットは今でも世界最大の規模を誇る、最も多くの人々が集う牡蠣祭りのひとつだ。『料理の方法』を見ると、イギリスの民衆が牡蠣をどのように料理していたかが推測できるが、国王は牡蠣を生で食べていたことがさまざまな資料からうかがえる。イングランド国王ヘンリー４世（１３６７～１４１３）の食事では前菜として４００個の牡蠣が平らげられたという。２０１２年にレスターで駐車場として使われていた土地からリチャード３世（１４５２～１４８５）が埋葬された場所が発見され、発掘された国王の遺骨に前例のない科学的分析が行なわれた。遺骨に含まれる酸素、ストロンチウム、窒素、炭素の同位体を分析した結果、リチャード3世はクジャク、サギ、ハクチョウなどの猟鳥、ワイン、そして魚介類を含む非常に贅沢な食生活をしていたことがわかった。この時代の人々は宗教的な理由で1年の3分の1は肉を食べられなかったのだから、魚介類、とりわけ牡蠣をたくさん食べただろうと思われる。

中世からルネサンス期までのフランス国王は、イングランドの国王たちに負けず劣らず牡蠣に目がなかった。ルイ4世（920〜954）は幼い頃に母のエドギヴァに連れられてイギリスに渡り、イギリスの牡蠣が大好物になった。のちにユグノー大公に捕らえられ、1年間ノルマンディーで幽閉されたときも、牡蠣を必ず食事に出してほしいと要求したほどだ。ルイ11世（1423〜1483）は賢明な産業政策を行なって絶対王政の基礎を固めた君主だが、ソルボンヌの教養ある学者たちに少なくとも年1回は牡蠣をたっぷり食べるように命じた。有名な太陽王ルイ14世（1638〜1715）は72年間王座に君臨した絶対的な君主で、その華麗さ、富、そして大食漢という点において右に出るものはなかった。大変な牡蠣好きで、毎回の食事の最初によく冷えた生牡蠣を70個あまり食べる習慣があったから、国王がどの宮殿に滞在していようと、ブルターニュ地方沿岸のカンカルという町から毎日牡蠣が届けられた。気温が高い日や、少しでも牡蠣が傷んでいる兆候があると、国王のお抱え医師は牡蠣に火を通すように命じた。

●「牡蠣はｒのつく月しか食べてはいけない」

牡蠣はｒのつく月しか食べてはいけないという教えが最初に記録されたのは、中世にレオ詩体

［12世紀に誕生した詩の形式］で書かれた「牡蠣はｒのある月に食べるがよい」という格言だった。この考え方がいつどこで生まれたのかを正確に特定するのは難しいが、ジェームズ1世（1566～1625）の侍医ウィリアム・バトラー（1535～1618）がこの説をとなえた最初のひとりだとされている。この警告が印刷物に初めて登場したのは、『禁酒派の食事 *Dyets Dry Dinner*』という、あまり知られていない本である。1599年に出版されたこの本は、ヘンリー・ビュット（1632年死去）［ケンブリッジ大学副総長を務めた人物］によって執筆され、コース料理を構成する8品（果物、ハーブ、肉、魚、白身肉、スパイス、ソース、タバコ）に関する知識のあれこれと、食卓でのしゃれた会話の題材として、それらの食材にまつわる逸話を載せている。この本はレディ・アン・ベーコン［哲学者フランシス・ベーコンの姪］に捧げられたもので、どうやらビュット博士はこのうら若い女性の気を引くために、極上の料理でもてなそうとしたようだ。ビュットは牡蠣について、名前にｒがつかない月には食べてはけないと警告している。彼は牡蠣が大きな船の底に付着して育つと勘違いし、牡蠣は消化に悪く、胃腸の働きを鈍らせて便秘の原因になると考えていた。生牡蠣は四代元素説［物質は地・水・火・風の4つの元素からなり、それぞれは熱・冷・湿・乾の4つの性質の組み合わせで構成されているという考え］で言うと「冷」の性質を持つとビュットは考えていたので、もっと体にいいものに変える調理法を奨励した。また、彼は牡蠣が性的欲望をかき立てるという当時の説を何とか打ち消そうとしている。おそらく、目当ての女性に自分の下心を疑われたくなかったのだろう。

◉庶民の牡蠣料理

その頃には牡蠣は庶民の食べ物になっていた。医術者であり家事に関する最初期の著述家であったハンナ・ウーリーによる『貴婦人の楽しみの達成 *The Accomplished Ladies' Delights*』（１６７５年）のように、昔の料理書は主婦に「牡蠣を酢漬けにすれば、腐らずおいしいまま、半年は自然の風味を保てる」と教えている。牡蠣はヨーロッパ大陸のいたるところで食べられていたが、最も価値が高いのはイギリス諸島産の牡蠣だと考えられていた。１５９２年から１６１０年にかけてヴュルテンベルク公［ヴュルテンベルクは現在のドイツ南西部にあたる］がつけた日記を編纂した『エリザベス女王とジェームズ1世の治世下で外国人が見たイングランド *England as Seen by the Foreigners in the Days of Elizabeth and James I*』という本には、イギリス産の牡蠣について多数の意見が書かれている。たとえばスイス出身のヤーコプ・ラトゲブはイギリス産の牡蠣の上質さについて、「豊富に獲れ、イタリア産より味も大きさもすぐれている」と述べている。１５７７年に牡蠣の管理と収穫に関する法律が定められ、イースターとラマス［収穫祭］の間（4月中旬から8月1日まで）はメッドウェイ川の河口の牡蠣床で牡蠣をさらうのは禁止された。

シンプルにグリルした牡蠣の調理法を初めて掲載したのは、１５３３年に書かれたドイツの料理書『サビナ・ヴェルゼリンの料理書 *Das Kochbuch der Sabina Welserin*』だろう。

オシアス・ベールト（兄）による「牡蠣と果物とワインのある静物」（1620年代）

牡蠣をよく洗って殻を開け、塩、コショウを振って、身殻に入った牡蠣をグリルに入れる。身にバターをまわしかけ、卵を焼くのと同じくらいの時間をかけて強火で焼く。温かく、バターが溶けているうちに食卓に出す。

最初の牡蠣のパイ料理は、フランスの料理長ランスロット・ド・カストーによる『料理の始まり *Ouverture de cuisine*』（１６０４年）に見られる。イタリアのクリストフォロ・ディ・メッシスブーゴによる『あらゆる種類の料理を教える新しい本 *Libro nuovo nel qua si insegna a far d'ogni sorte di vivanda*』（１５６４年）や、バルトロメオ・スカッピによる『料理術 *Opera dell'arte del cucinare*』（１５７０年）には、牡蠣の盛り合わせの図版が数多く出ているが、作り方の指示は

ヤン・ブリューゲル（父）による「聴覚・触覚・味覚」（1620年頃）（部分）

ほとんど出ていない。現代の科学的調査によれば、ポルトガルガキ（学名 *C. angulata*）と呼ばれる牡蠣は台湾か中国北部の海が原産地であり、地理上の発見の時代に海を渡った探検家、たとえばヨーロッパから喜望峰を迂回してインド洋に到達する航路を確立したポルトガルのヴァスコ＝ダ＝ガマ（1460年代〜1524年）などの艦隊にくっついてヨーロッパに渡ったことはすでに証明されている。ポルトガルがアジアとヨーロッパの間で開始した、莫大な利益をもたらす香辛料貿易は、はからずもフランスにポルトガルガキを移植したことになる。異国のスパイスを運ぶ貿易船のおかげで、フランス人はポルトガルガキに舌鼓を打つようになったのである。

絵画の世界に牡蠣が華々しく登場するのは15世紀になってからで、特にフランドル［現在のオランダ、ベルギー、フランスにまたがる地域］では静物画［17世紀に発達］に牡蠣を描くのが流行した。女性の近くに描かれた殻を閉じた牡蠣は貞操や処女性の象徴であり、殻を開けた牡蠣はみだらなふるまいの暗喩だった。ヤン・ブリューゲル（父）による「聴覚・触覚・味覚」（1620年頃）という寓意画には、食卓につく女性と、食卓の上を埋めつくす牡蠣、果物、ワイン、イセエビ、ウズラなどのあふれんばかりのごちそうが描かれている。殻を開けた牡蠣がたっぷり載った皿の近くに描かれた女性のはだけた胸は、恍惚としたみだらな状態を暗示している。牡蠣に手を伸ばしている女性の姿は、彼女が性的な誘惑者であることを意味している。

17世紀なかばには牡蠣は日常的な食べ物になり、昼でも夜でも、町を歩く行商人からほとんどいつでも手軽に安く買えるようになった。有名なサミュエル・ピープス（1633〜1703）の日記［官僚だったピープスが1660〜69年にかけて記述した詳細な日記］のおかげで、当時のイギリス民衆の食生活がよくわかる。ピープスやこの時代の人々は、牡蠣を行商人から買ったり、政治談議をしながら地元の居酒屋で食べたり、地元の店から樽一杯の牡蠣を注文して自宅で食べたりした。客を食事に招くときには大きな牡蠣（輸入品である印だった）を凝った料理にして主人の社会的地位を誇示したが、小さな牡蠣は露店で売られる大衆的な食べ物だった。樽のほか、牡蠣は「ブッシェル」や「ペック」という単位でも売られた。1ブッシェルは4ペックで、1ブッシェルにはおよそ100個の牡蠣が入っていた。樽売りの牡蠣は生か酢漬けのどちらかだった。ピープスの時代のこのような樽は小さなものであり、高さは18〜30センチ程度だった。樽ごと塩水につけた生

17世紀なかばから20世紀初頭まで、ロンドン、パリ、ニューヨークでは「呼び売り」と呼ばれる行商人が商品を売るために町を歩いていた。サミュエル・ピープスはこの絵のような売り子からたくさんの牡蠣を買った。

牡蠣は数日間は生きたまま保存できた。1樽は2～3シリングで、15個から30個程度の牡蠣が入っていた。

1663年1月13日の食事についてピープスはこのように書いている。「かわいそうに、妻は朝5時に起きて、牡蠣、ウサギと羊のこま切れ肉料理、稀少な牛の背骨肉、大皿に盛った家禽のロースト、タルト、果物、チーズを含む献立の材料を買いに行かなければならなかった」。1660年5月21日の日記はこうだ。「下着以外何も身につけずにベッドに入って朝9時まで寝ていると、ジョン・グッズ［ピープスが仕えていたモンタギュー家の召し使い］が起こしに来て、船長［ピープスはこの日船に乗っていた］に雇われたボーイがマロウズの牡蠣4樽を私のところに運んできた」。ピープスは日記の中で、マロウズの牡蠣［ブルターニュ地方のサン・マロで獲れた牡蠣］のほかに、コルチェスターの牡蠣、テムズ川の河口で育った牡蠣についても書いている。

サミュエル・ジョンソン（1709～1784）［『英語辞典』の編集で知られる文学者］のペットの猫はずいぶん甘やかされていた。ジェームズ・ボズウェルは自著『サミュエル・ジョンソン伝』（1799年）の中で、その猫についてこう書いている。「ジョンソンが猫のホッジをどれだけ甘やかしたかは、忘れようにも忘れられない。猫のためにジョンソンは自分で牡蠣を買いにいった。そんな面倒な仕事を命じられた召し使いが大事なペットを嫌いになってはいけないから、らしい」。

酢漬けの牡蠣はどの行商人からも買えたが、働き者の主婦はパティシェのエドワード・キダーが1720年に書いた料理書『焼き菓子のレシピと料理術 *Receipts of Pastry and Cookery*』を見て、酢漬けの方法を学んだ。

満月に1クォートの大きめの牡蠣を用意し、牡蠣の汁で煮る。煮汁、1パイントの白ワインと酢、メース、コショウ、塩を合わせて漬け汁を作る。漬け汁を煮立てて灰汁《あく》をすくう。漬け汁が冷めたら牡蠣を入れて保存する。

主婦から大食漢まで、牡蠣への情熱は留まるところを知らなかった。アレクサンドル・バルタザール・ローレン・グリモ・ドゥ・ラ・レニエール（1758〜1837）は若い弁護士で、たまに演劇評論を書いていたが、食通でもあり、世界初のレストラン評論家、そして著名なフードライターとして名をはせた人物である。ラ・レニエールは裕福な仲間を集めては料理の審査会を開き、8冊の『美食年鑑 *Almanach des Gourmands*』（1803〜1812年）を発行した。その中にこのような一節がある。

冬の朝食の初めの一皿は牡蠣である。牡蠣のない冬の朝食などほとんど考えられない。しかし大食いを自慢する無分別な客がしばしば牡蠣を100個も腹に詰め込んで得意顔をするものだから、食事の導入部としては高くついてしまう。そんなにたくさん牡蠣を食べても単調なだけで本物の喜びは味わえないし、尊敬に値するその家の主人をしばしば困らせることになる。

私の経験では、50個か60個を食べたあたりからおいしいとは思えなくなる。

お腹を満たす価値のある牡蠣は、同じく盗む価値もあった。1791年にイギリスで制定された議会法は、盗みを取り締まる規則を次のように定めた。「誰かが牡蠣床から牡蠣、あるいは種牡蠣を盗んだ場合……その人物は窃盗罪で有罪とみなされ、しかるべき罰を受ける」。この議会法はさらに、実際に牡蠣を手に入れたかどうかにかかわらず、他人の牡蠣床をさらおうと試みるだけで軽犯罪となり、有罪判決を受けた者は20ポンドの罰金または3か月以内の懲役と定めた。

18世紀の終わり、牡蠣はいくらでも食べられる安い食べ物となっていた。作家のチャールズ・ディケンズは1837年に、「貧困と牡蠣はつねに手を取り合っているかのようだ」と書いている。ディケンズの妻キャサリンは、1852年にレディ・マリア・クラッターバックというペンネームで『夕飯は何にする？*What Shall We Have for Dinner?*』という料理書を出版し、牡蠣料理のレシピを数点紹介した。その中には夫のディケンズの好物、ラムのモモ肉の牡蠣詰めもあった。牡蠣の人気はこの時代にまさに絶頂を迎えていたように見えた。ところが驚くなかれ、牡蠣の黄金時代はまだこれからだった。

第5章 ◉ 新世界の牡蠣

地理上の「発見の時代」は15世紀の探検家によって幕を開けた。ポルトガル人がアフリカ北西部の海岸線を航海し、スペイン人が大西洋航路を開拓してアメリカ大陸に到達し、17世紀にはオランダ人が、当時テラ・アウストラリス・インコグニタ（未知の南方大陸）と呼ばれていた土地［現在のオーストラリア］を発見した。スカンジナビアのバイキングはポルトガル人より5世紀も前に北アメリカ大陸に到達していたが、世界中の牡蠣の発見と消費に結びついたのは、15世紀以降の航海だった。

ヨーロッパ人の移住者が植民地を建設し始めた土地には、牡蠣が盛んに繁殖していた。沿岸に牡蠣殻が山をなすカナダのニュー・ブランズウィック、貝がびっしりと貼りついたニューヨークの港、ニューイングランドの海岸線、アメリカ大陸を南下したカロライナ［現在南北カロライナ両州のある地域］、そしてオーストラリアやニュージーランドの恵み豊かな入り江にも植民地が建設された。オーストラリアの海岸を初めて発見したのはオランダの航海士ウィレム・ヤンスゾーン［ヤンスまたはヤンツとも呼ばれる］と言われている。ヤンスゾーンは１６０６年に、現在のクイーンズランド州のケープ岬西岸に上陸した。ヤンスゾーンはこの土地をニュー・オランダと命名した。そこでは先住民族のアボリジニがシドニーロックオイスター（学名 *Saccostrea glomerata*、以前は *S. commercialis*）や、その他のあまり知られていない種類の牡蠣を盛んに食べていた。オーストラリアの貝塚は大変な大きさだった。ニュー・サウス・ウェールズ州やクイーンズランド州南部には、長さ４００メートル、高さが13メートルにも達する貝塚があり、牡蠣が数千年にわたって食べられていたことを示している。

●自然の港を埋めつくす牡蠣

ヤンスゾーンがオーストラリアに上陸した数年後の１６０９年、オランダ人はアメリカのアッパー・ニューヨーク湾に到着した。彼らが目にしたのはこの自然の港を埋めつくす牡蠣だった。湾内に注ぐハドソン川の河口付近には９００平方キロメートルの牡蠣床が広がり、当時の世界の牡蠣産出量の半分に相当する牡蠣が獲れたと言われている。新天地に到着したオランダ人植民者は、アッパー・ニューヨーク湾内の牡蠣が獲れるふたつの島をグレート・オイスター島（現在のリバティ島）とリトル・オイスター島（現在のエリス島）と名づけた。オランダ東インド会社に雇われた多数の遠征隊がアメリカ東海岸を探検し、「ニューネーデルラント」植民地が建設された。この植民地は、南はチェサピーク湾［メリーランド州］、西はサスケハナ川［ニューヨーク州からチェサピーク湾に注ぐ川］、東はナラガンセット湾とプロビデンス川［ロードアイランド州の湾と川］およびブラックストーン川［マサチューセッツ州を流れてナラガンセット湾に注ぐ川］、北はセント・ローレンス川［ニューヨーク州とカナダのケベック州の間を流れる川］まで広がっていた。これらの湾や河口では牡蠣がいくらでも獲れた。この地域には先住民族のレナペ族（デラウェア族とも呼ばれる）が居住しており、昔からアメリカガキ（学名 *Crassostrea virginica*）は彼らの重要な食べ物だった。

南北カロライナ州に住んでいたカタウバ族とヤマシー族が広範囲に残した貝塚を見れば、彼らにとって牡蠣が昔から重要な食料だったのは明らかだ。「チェサピーク」とは「貝がたくさんある大きな湾」という意味で、バージニア州で暮らしていた先住民族［バージニア・インディアンと総称される］でアルゴンキン語族に属するポウハタン族の言葉だ。イギリスからアメリカに入植したウィリアム・ストレイチーは、チェサピーク湾で獲れる牡蠣について1612年に次のように書いている。

牡蠣は浅瀬や海底全体に繁殖し、私が見た中で最大のものは30センチあまりもあった。原住民は牡蠣とムラサキガイ［ムール貝ともいう］をゆで、そのゆで汁に小麦粉を混ぜておかゆのようなものを作り、スプーンで食べる。彼らが牡蠣を紐で吊して煙で（…干しながら）いぶし、1年中保存できるようにしておくのは、食べ物を蓄え、管理する方法として非常にうまいやり方である。

サウスカロライナ州のエディスト・ビーチ州立公園内のスパニッシュ・マウント・ポイントにある貝塚。

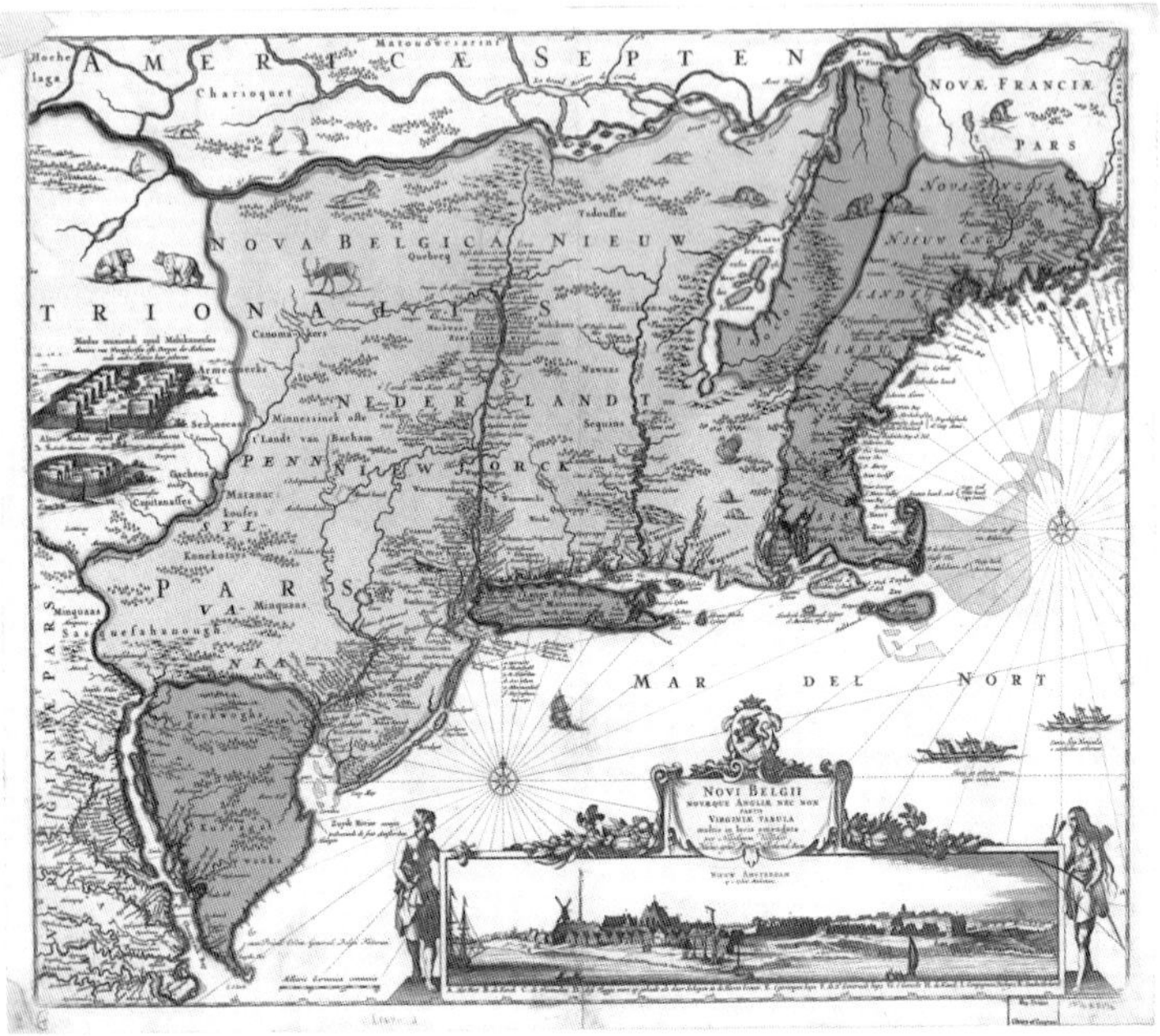

ニューネーデルラントの地図。現在のニュージャージー州、ニューヨーク州、デラウェア州に相当する。1650年頃。

1620年の冬には、ピルグリム・ファーザーズと呼ばれるイギリス人入植者がケープコッド［マサチューセッツ州東端の半島］先端のプロビンスタウンに到着した。彼らは宗教的迫害を逃れてきた清教徒たちだったが、立派な牡蠣が獲れるというストレイチーの報告に誘われた者もいたかもしれない。1600年代の初めから50年足らずで、アメリカ東海岸地方の大部分は植民地化された。1664年にニューネーデルラントの中心都市であったニューアムステルダムがイギリス軍に占領されると、第二次英蘭戦争［1665～67年］が勃発した。イギリスとオランダは数回にわたる海戦を繰り広げたが、戦争が終結するとニューネーデルラントはイギリスに割譲され、ニューアムステルダムはニューヨークと改称された。ブルーポイントと呼ばれる牡蠣の原産地であるロングアイランドもイギリス領となった。牡蠣料理はますます発達し、17世紀には牡蠣を生のまま、あるいはシチューやポタージュに入れて食べた。また、牡蠣のパイ、オイスター・ローフ［牡蠣の詰め物をして焼いたパン］、そしてアメリカ植民地でヨーロッパ人が初めて出会い、大好物となった七面鳥に牡蠣の詰め物をした料理などが登場した。

サミュエル・ピープスが日記に書いているように、ロンドンでは牡蠣は行商人から手軽に買うことができ、アメリカに入植したヨーロッパ人もその手軽さに慣れていた。アメリカ植民地、特にニューヨークでもその習慣は変わらなかったが、実際には地形上の理由で、ニューヨークでは他の場所に比べて牡蠣の収穫は簡単ではなかった。ニューイングランド沿岸の浅い入り江や河口では、干潮になれば誰でも牡蠣を簡単に拾い上げることができた。それはヨーロッパ人がイギリス、フランス、そしてオランダでなじんだ牡蠣の取り方だった。ニューヨークでは、レナペ族は小船を操り、船の上から牡蠣ばさみで牡蠣をすくいとる方法をオランダ人に教えた。アメリカの牡蠣は入植者が故郷で見慣れたヨーロッパの牡蠣とはまるで違っていた。ヨーロッパヒラガキ（学名 *Ostrea edulis*）は、大きくて平たい殻と、はっきりした強い風味が特徴だ。アメリカガキは塩気が強く、身は白っぽくて大きい。そしてアメリカガキは圧倒的に数が多い。

1701年にスイスからチェサピーク湾を訪れたフランシス・ルイ・ミッシェルは、こう書いている。

牡蠣の豊富なことには驚くばかりだ。岸全体に牡蠣があるので、船は牡蠣をよけなければならない。この土地の牡蠣はイギリスの牡蠣よりはるかに大きく、ゆうに4倍はある。半分に切らなければ口に入らないことも多い。

●アメリカ独立をささえた牡蠣

北アメリカ大陸では牡蠣がありあまるほど獲れたので、1700年代の初めには牡蠣が輸出できるようになった。西インド諸島や南ヨーロッパへの長い航海に備えて、牡蠣は酢漬けにされた。イギリス人はあいかわらず世界を探検し続け、南太平洋の探検に乗り出した。オランダ人はオーストラリアを発見し、ニューホランドと命名したが、オーストラリアに入植しようとはしなかった。イギリスのジェームズ・クック船長は1770年にエンデバー号でオーストラリアのボタニー湾に到着し、さっそく牡蠣の生息状況について手記に書いている。

砂や泥の岸辺には、牡蠣、ムラサキガイ、ザルガイなどがたくさんあって、これらが原住民たちの主な食物になっているようである。彼らは小さなカヌーで浅瀬に漕ぎ出し、それらの貝を手で拾い上げる。彼らが貝を生で食べるのは見たことがないが、料理するためにいつも岸に戻

エマニュエル・フィリップ・フォックスによる1902年の油絵。ジェームズ・クック船長と乗組員がニュー・サウス・ウェールズのカーネル半島に上陸した瞬間を描いている。

るわけではない。彼らはたいていカヌーの中で火を焚いており、それで貝を焼くからだ。

独立戦争（1775～83年）を経てアメリカが独立国になった後、建国の父が牡蠣に舌鼓を打ったという記録がいくつも見られる。ジョージ・ワシントンの引退後の住まいであるマウント・バーノンの会計帳簿には、何樽もの牡蠣を購入した記録が残っている。ベンジャミン・フランクリンの有名な逸話に、悪天候でぬかるんだ道を馬に乗って遠出したときの苦労話がある。悪条件に耐えながら何時間も馬を走らせた後、フランクリンはロードアイランドの宿屋にたどり着き、ようやく暖かい暖炉のそばで休憩できると期待した。しかし宿には同じような考えの旅人がつめかけ、座る場所もなかった。それを見たフランクリンは召し使いに大声で命じた。「おい、私の馬に1クォートの牡蠣を持っていってやれ」。本当に馬が牡蠣を食べるのかと驚いて、何人もの客がそのめずらしい光景を見に召し使いについて外へ出た。おかげで疲れ切ったフランクリンは暖炉のそばの空いた場所に腰を下ろすことができた。馬が牡蠣にどんな反応をしたかは伝えられていない。

独立戦争が終わると、アメリカはミシシッピ川以西の探検に取りかかった。メリウェザー・ルイスとウィリアム・クラークが1804年に探検隊を編成し、太平洋岸をめざして出発した。探検隊は「発見隊」と呼ばれ、アメリカ西部の奥地を越えて西海岸のピュージェット湾［ワシントン州］に到達した。波の穏やかな隠れ家のようなこの湾内で、彼らはオリンピアガキ（学名 *Ostrea lurida*）と呼ばれる驚くほど小さな牡蠣を堪能した。「潮が引いたら食事ができる」というのはブリティッシュ・コロンビア州の先住民族トリンギット族の言い伝えで、海の恵みの豊かさを象徴している。作家のワシントン・アーヴィング（1783～1895）は『ニューヨークの歴史 *History of New York*』（1809年）の中で、牡蠣に対するロマンチックな考えは幻想にすぎないと批判している。

幻視者のオロフがニューアムステルダムを建設する際に、議員が集まって会食を持った。その宴会の席で、牡蠣は華々しい存在感を示し、それ以来この神聖な貝はマンハッタン島に住む人々の間で迷信的な崇拝を向けられるようになった。どんな大通りや細い道や路地にも、牡蠣を崇拝する人々の寺院が建てられているほどだ。

1900年頃のマサチューセッツ州ウェルフリート。海岸沿いに、近くの牡蠣床で牡蠣を収穫するための小さな小屋がいくつも建てられた。むき身にした後の牡蠣殻が積み上げてあるのが見える。

ここでアーヴィングが寺院と言っているのは無数のオイスター・ハウスや居酒屋のことで、1874年には850軒以上を数えた。

イギリスの作家チャールズ・ディケンズ（1812〜1870）はアメリカを1842年と1868年の2回訪れている。アーヴィングはディケンズの最初のアメリカ旅行の間に彼と親交を結んだ。1842年に訪れたとき、ディケンズはボストンに到着し、詩人のヘンリー・ワーズワース・ロングフェローと、のちにハーバード大学学長に就任するコーネリアス・コンウェイ・フェルトンとともに食事をした。旅の終わりにニューヨークから投函した手紙の中で、ディケンズはフェルトンにこう書き送っている。「イギリスへ来てくれたまえ！　わが国の牡蠣は確かに小さい。アメリカ人からは銅の味がすると言われるが、われわれの心はとてつもなく大きいのだ」

●移民たち

いくつかの要因が重なって、アメリカでは１８００年代に牡蠣の消費がますます拡大した。水上輸送による商業の発達、缶詰産業の誕生、１８４０年から１８６０年にかけて建設された大陸横断鉄道、１８４９年のカリフォルニアのゴールドラッシュ、かつてないほど多くのヨーロッパ人労働者がエリス島を通って流入したことなどである。人や町は水路に沿って集まり、ミシシッピ州、オハイオ州、ミズーリ州、イリノイ州の河川やエリー運河を示す地図上の青い線をたどれば、牡蠣の消費拡大を示す地図を描くことができた。シンシナティ、セント・ルイス、ニューオーリンズなどの新興都市は川船が航行できる場所で発達し、都市とともに新しい産業、労働者、そして彼らの食べ物になる牡蠣がその土地に持ち込まれた。牡蠣を売り物にするレストランや居酒屋は、アメリカの沿岸部にある大きな都市のいたるところで開店した。ボストンのユニオン・オイスター・ハウスは現在も営業を続けている店の中で最も古く、１８２６年から牡蠣を提供している。牡蠣料理の店として開店し、今でも営業しているアメリカのレストランとして、ほかにニューオーリンズのアントワーヌズ・レストランがある。この店は１８４０年に開店し、オイスター・ロックフェラーという料理で評判になった。長い歴史を誇るもうひとつの店に、サンフランシスコのタディッチ・グリルがある。この店は１８４９年以来、ハングタウンフライ［牡蠣とベーコンのオムレツ］

カリフォルニア州サンフランシスコのタディッチ・グリルの名物料理、ハングタウンフライ。この店はアメリカで最も歴史ある牡蠣料理レストランのひとつだ。

のような名物料理を提供してきた。

1819年にニューヨークで初の魚介類の缶詰工場が操業を開始した。最初は牡蠣をガラス瓶に詰めていたが、1839年からブリキ缶を使うようになった。それまで多くの消費者は牡蠣の殻を自分で開けるか、むき身の牡蠣を行商人から買っていた。缶詰製造が始まってまったく新しい産業が誕生し、この産業を発展させるために低賃金で働く労働者が必要になった。そして、労働者たちは自分が作る製品の消費者にもなった。当時の移民は西部に進出し始めていたが、彼らは食べ慣れた牡蠣の缶詰を持っていくことができた。

1857年1月9日の「ニューヨーク・トリビューン」紙の記事には、典型的な缶詰工場のようすが描かれている。「工場の労働は、牡蠣の殻を開ける、洗う、計量する、中身を詰める、梱包する、というようにそれぞれ分担されている。労

「パス・パッキング会社では、赤ん坊以外の子供は全員牡蠣の殻を開け、赤ん坊の面倒を見る仕事をした。彼らはみな夜明けよりもかなり前から働き始めた。この写真は昼間に監督者がいない隙を狙って撮影したものだ。児童労働反対運動をあおるのを恐れて、監督者は写真撮影を許可しなかった」。パス・クリスチャン、ミシシッピ州、1912年頃。左端に写っている少年たちは牡蠣の殻を開けるナイフを掲げている。

働者たちは自分の担当部署以外の仕事はしない」

サウスカロライナ州のポート・ロイヤルにあったマッジョーニ缶詰め工場では、子供が1日7時間牡蠣の殻を開ける仕事に就いていた。彼らは学校が始まる前に4時間、学校が終わってから3時間働いた。しかしこれは学校に通っている子供の場合だ。学校に行っていない子供は午前3時から午後5時まで、昼食を食べるための短い休憩時間を除き、14時間ずっと働き詰めだった。男子は小さいうちは牡蠣の殻を開ける仕事をし、成長して体力がつくと牡蠣船に乗るようになった。若い母親は子連れで働きに来た。牡蠣の殻を開けた

7歳の少女ロージーは読み書きができなかったが、1913年には牡蠣の殻を開ける仕事をすでに1年以上続けていた。サウスカロライナ州ブラフトンのバーン＆プラット缶詰会社。

り缶に詰めたりする作業場は凍えるほど寒かった。仕事の大部分は最も寒い時期に行なわれるからだ。子供たちは1日平均65クォートの牡蠣の殻を開け、1クォートにつき2・5セントもらえたので、週に9ドル以上稼げた。残った牡蠣殻は大きな窯で焼いて石灰にして、建築材料として売られた。砕いた殻は鶏やアヒルなどの鳥の餌にも使われた。

移民たちの社会ではたいてい牡蠣を食生活に取り入れていた。戒律で牡蠣を食べるのを禁じられていたユダヤ人でさえ例外ではなかった。主として1830年代にバイエルンから移住してきたドイツ系ユダヤ人の大集団がニューヨークに入植し、すでにその土地に定着していたスペイン・ポルトガル系ユダヤ人の社会と融合した。彼らが新しい食生活を取り入れるにつれて、トレファ［ユダヤ教で食べるのを禁じられた食物］を定めたコーシャ［ユダヤ教の食事の規定］の決まりはしだいにゆるんだ。1869年にマシュー・ヘイル・スミスはベストセラーになった『陽光と影 *Sunshine and Shadow*』という著書の中で、ニューヨークに住む著名なユダヤ人実業家の家庭で牡蠣料理が出されたというエピソードを書いている。ユダヤ人が戒律で禁じられている食べ物を食べるようになるのは、変化する時代と新しく選んだ自分の国に同調するのが不可欠だからだとスミスは述べている。その実業家は、「パレスチナの牡蠣は銅の味がして有毒だ。もしも偉大な立法者（モーセ）がサドルロック［ニューヨークの有名な牡蠣］やチェサピーク湾の牡蠣のフライやシチューを食べる機会があったら、きっと戒律で禁じたりしなかったと思うよ」と言ったそうだ。

1860年代になると、クロアチアからの移民はエリス島から入国するとすぐに南部を目指した。

彼らが選んだのはニューオーリンズ以南のミシシッピ川に近い牡蠣の豊かな入り江だった。ダルマチア地方のクロアチア人が２０００年にわたってドゥブロブニク［クロアチア南端のアドリア海に面した都市］の海で培った水産技術は、バイユー［アメリカ南部の河川や入り江で水の流れがよどんで湿地帯になった場所］でもすぐに応用できた。現在も盛んなルイジアナ州の牡蠣産業を発展させたのは、ダルマチア地方のクロアチア人の功績だと考えられる。また、この有能なクロアチア人移民の何人かがゴールドラッシュに乗じてサンフランシスコに移住し、有名なシーフードレストランのタディッチ・グリルを開いたのである。

１８４９年に金鉱目当ての人々がカリフォルニアに押し寄せると、人口が爆発的に増え、カリフォルニアの市場では牡蠣が足りなくなった。バージニア州出身のチャールズ・Ｊ・Ｗ・ラッセル船長は、太平洋を北上したワシントン州のショールウォーター湾からオリンピアガキを生きたままサンフランシスコに輸送する計画を思いついた。輸送された牡蠣はすぐに市場で売られたが、一部はサンフランシスコ湾の牡蠣床に撒かれ、必要なときに収穫されたので、これは西海岸における牡蠣養殖の最初の試みだと考えられている。この事業は大当たりし、１８５０年代から69年まで、サンフランシスコに供給される牡蠣の90パーセントはショールウォーター産だった。１８８０年代になると、ショールウォーター湾の牡蠣は乱獲が原因で数が減ってしまった。しかし大陸横断鉄道の開通により、消費者は地元で育った牡蠣やショールウォーターから届けられる牡蠣だけで我慢する必要はなくなった。１８６９年10月22日付の「アルタ・カリフォルニア」紙に掲載された広告は、大陸の反対側から鉄道で輸送されてくる初めての牡蠣の到着を誇らしげに宣伝している。「ボルティモア産とニューヨーク産の牡蠣が初入荷。殻付き、缶詰め、樽詰め、どれも最高の状態で到着。西部のオイスター・ハウスの草分け、イリノイ州シカゴのA・ブース社から出荷」。

東海岸産の牡蠣は短期間のうちにワシントン州産の牡蠣の売り上げを上まわるようになった。大西洋岸で獲れるアメリカガキの人気と鉄道輸送の成功を見て、カリフォルニアの牡蠣養殖家は東海岸の種牡蠣をサンフランシスコ湾に移植する実験を始め、成功を収めた。ワシントン州、オレゴン州、そしてフンボルト湾やトマレス湾など、カリフォルニア州のほかの湾でも養殖が試みられたが、残念ながらこの種類の牡蠣は、西海岸ではサンフランシスコ以外の場所では育たなかった。サンフランシスコ湾の牡蠣も最後には東海岸の牡蠣と同じように、下水による海水の汚染と乱獲の影響を受けて姿を消すことになる。しかし牡蠣は１８８８年から１９０４年まで、カリフォルニア州の水産物として年間平均50万ドルの収益をもたらした。この数字を超えるのは、最も貴重な海産物である鯨骨《げいこつ》だけだった。

ヨーロッパでもアメリカでも牡蠣専門の居酒屋はあちこちにあり、紳士が政治を語る場所として人気があった。画家のリチャード・ケートン・ウッドビルによる１８４８年の作品「オイスター・ハウスの政治談議」は、そうした光景を描いている。ニューヨークやロンドンにどれくらいの数の牡蠣行商人がいたのか正確にはわからないが、にぎわう通りの角にはたいてい牡蠣の行商人がいて、道行く人が手軽な軽食を買いに立ち寄っていた。ジョン・R・フィルポッツは１８９１年に２巻

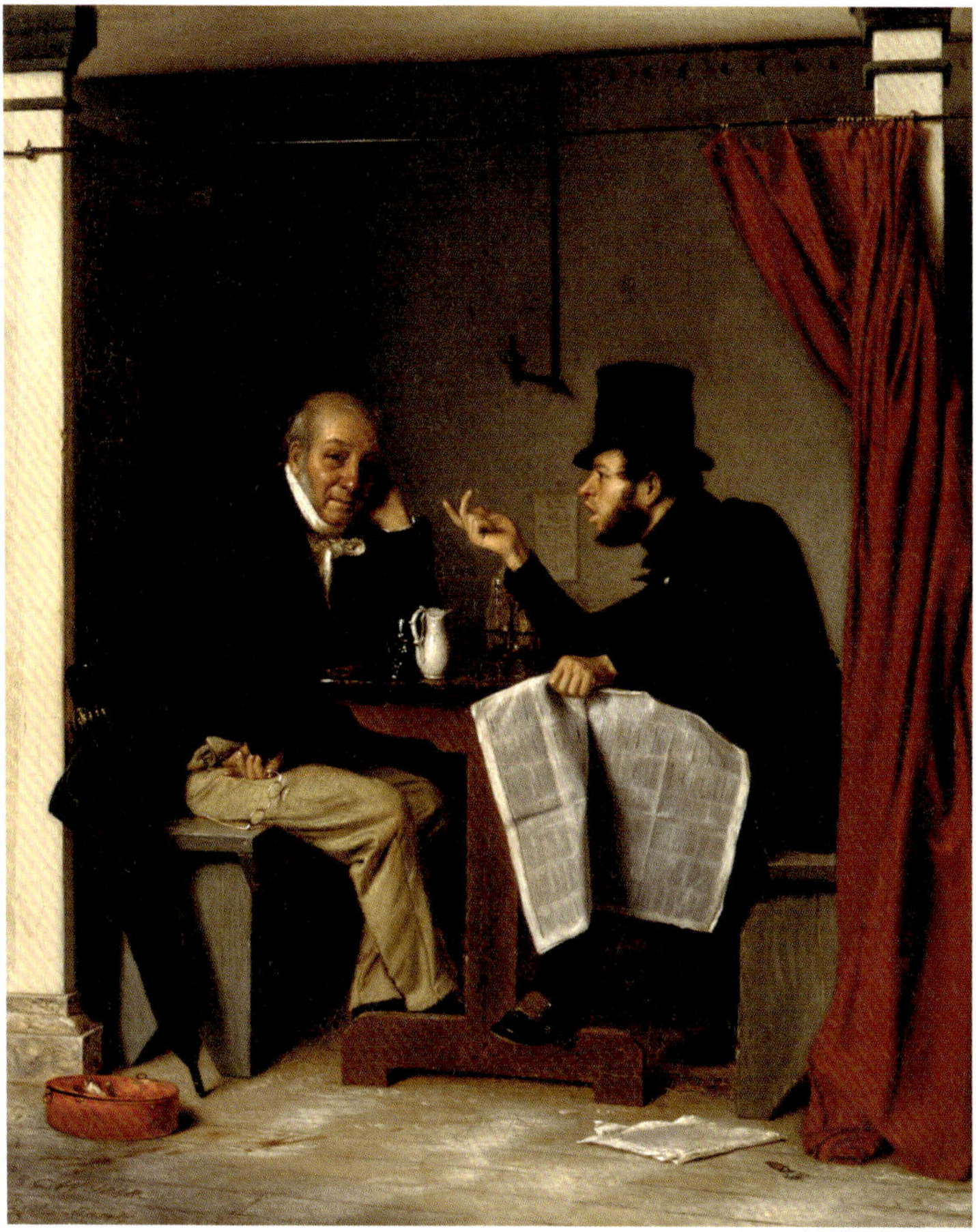

リチャード・ケートン・ウッドビル「オイスター・ハウスの政治談議」(1848年)

からなる徹底した学術的大作『牡蠣および牡蠣に関するすべて *Oysters, And All About Them*』を執筆し、その中で「ロンドンでは1864年に年間7億個の牡蠣が消費され、地方ではそれよりはるかに多くの牡蠣が消費されたと推定される」と述べている。

●危機に瀕する牡蠣

生態学的には恐るべき事態が進行していた。天然の牡蠣の減少と自然の牡蠣床の消滅である。1825年から、チェサピーク湾の牡蠣をナラガンセット湾、デラウェア湾、ラリタン湾、ロングアイランド湾に移植しなければならなくなった。こうしてスクーナーやスキップジャック［スクーナーは2本以上のマスト、スキップジャックは1本マストの帆船］、そして科学的養殖技術の時代が幕を開けた。1870年代までに、年間200万ブッシェル以上の種牡蠣がチェサピーク湾から他の河口や入り江に移植されるようになり、それが30年間続いた。南半球では1845年からオーストラリアの商人がシドニーやメルボルンからニュージーランドに牡蠣を出荷していたが、それらの漁場もやはり乱獲によって衰退しつつあった。1866年10月には減少する牡蠣床を保護するために、ニュージーランドで牡蠣漁場法が成立した。オーストラリアでは牡蠣養殖業者が入手可能な自然の素材、たとえば木切れや貝殻などを使って牡蠣を育て始めた。1888年までにオーストラリアの牡蠣床もまた激減し、ついにはニュージーランドからロックオイスターの稚貝を移植しなければならなくなった。オランダのゼーラント州では1861年に地元の牡蠣床から300万個の牡蠣を収穫したが、3年後にはわずか5万個しか出荷されなかった。1880年代には、アメリカの牡蠣産業はおよそ5万3000人の労働者を雇い、年間7億個あまりの牡蠣を収穫していた。1880年から1910年の間がアメリカの牡蠣生産のピークで、牡蠣のむき身に換算すると年間7250万キログラムの収穫を上げていた。これは世界のほかの地域の牡蠣生産量をすべて合わせたよりも大きな数字だった。

牡蠣の需要が増えるにつれて、「牡蠣戦争」［アメリカ東海岸のメリーランド州とバージニア州で牡蠣密漁者と政府との間に起きた争い］が勃発した。メリーランド州では1830年に牡蠣の収穫を州民だけに限定する法案が可決された。同州は底引き網漁（網を使って海底を広範囲にさらう漁法）を禁止し、牡蠣の収穫に許可証を発行するよう求めた。しかし隣のバージニア州では1879年まで底引き網漁が認められていた。チェサピーク湾の牡蠣が減少すると、ベテランの漁師たちが現代の海賊へと早変わりし、武装した底引き網漁師グループが違法な牡蠣の収穫を行なうようになる。違法な牡蠣漁はたびたび小競り合いや武力闘争を引き起こした。1959年に違法な底引き網漁を行なったバージニア州の漁師が殺される事件が起こった後、漁業警察は解散することになり、ようやく牡蠣戦争は終わった。

●牡蠣ビジネス

1860年から1900年までに、ニューヨークでは80万人あまりだった人口はおよそ350

万人に増え、1940年には750万人に達した。南北戦争（1861～65年）後、アメリカは工業大国になり、世界の表舞台に立つ国となった。石油精製技術や電力の利用、鉄鋼生産が可能になり、世界の産業構造を変貌させつつあった。アメリカ経済は、19世紀なかばはほぼ農業のみと言ってよかったが、50年足らずのうちに工場および工場労働者に支えられるようになった。増え続ける人口にとって牡蠣は安くて手軽な食料源であり、簡単に手に入る食べ物だった。懐の苦しいときでも、「カナル・ストリート・プラン」を利用すればよかった。これはニューヨーク中の牡蠣専門の居酒屋で実施していたサービスで、6セントで生牡蠣が食べ放題というものだった。1887年にニューヨークのフルトン魚市場では1日5万個の牡蠣が売れた。当時のイギリスは年に15億個の牡蠣を消費していたが、その多くはアメリカからの輸入品だった。この時代の産業革命［アメリカ・ドイツを中心に19世紀後半から起こった第二次産業革命］は人々を農村から人口過密な都会に流入させ、奴隷のような苛酷な労働条件には見てみぬふりをしていた。

1900年までにメキシコ湾や南北カロライナ州の牡蠣養殖家はメリーランド州の大都市ボルティモアに採用担当者を派遣し、新しくアメリカにやってきたポーランド人移民を確保するのにやっきとなった。彼らは従順で勤勉であり、しかも安く雇えると評判だった。緑豊かな暖かい熱帯地方の暮らしをうたった求人広告は、男性には時給15セント、女性には時給12・5セントの給料を約束していた。ところが家族そろって移住してみると、正規の仕事が与えられるのは1家族につきひとりだけで、給料は約束よりずっと低かった。残りの家族には牡蠣を開ける仕事があてがわれ、決められた量の牡蠣をむき身にするごとに5セントが支払われた。しかしある労働者は、「2キロで5セントのはずなのに、実際には3・2キロから3・6キロで5セントしかもらえないのが普通だった」と回想している。労働者の多くは英語を話せないのでポーランド人の監督者が雇われたが、この監督者が労働者の妻に対して、夫や家族の労働条件を改善するのと引き換えに性的関係を迫ったという話も残っている。

牡蠣産業の仕事は重労働で消耗が激しい。動労者は劣悪な環境で長期間働かされ、さまざまな後遺症に苦しめられるほどだった。こうしたきつい牡蠣産業の土台を支えたのは、アフリカ系アメリカ人だった。1863年に奴隷解放宣言が出された後、黒人労働者たちは他の労働者が苦労し、くじけてしまうような場所でさえ、なんとか耐え抜いてきた。牡蠣産業の労働は、奴隷所有者に強いられた年季奉公に比べればまだましなほうだったのだ。道具に少しお金をかけるだけで、丈夫な体に恵まれた労働者はまずまずの生活をすることはできた。南北戦争の終結からわずか10年後には、7万人の解放奴隷が東海岸のあらゆる牡蠣床で働いていたという記録がある。サウスカロライナ州だけを例にとっても、牡蠣産業は1880年代終わりから第二次世界大戦直後まで、州内の最も重要な水産業だった。1902年には州長官に届けを出しているすべての水産業者の実に45パーセントを牡蠣生産が占めていた。牡蠣産業はほかに仕事口のないアフリカ系アメリカ人に安定した仕事を提供したのであり、1900年頃から大恐慌を経て第二次世界大戦に突入するまで、アフリカ系アメリカ人の生活を支え続けた。

第６章 ◉ 金ぴか時代の牡蠣

◉「金ぴか」時代

南北戦争終結後の１８７０年頃から、アメリカでは「金ぴか時代」（命名したのはマーク・トウェインだ）が始まる。パリが繁栄したベル・エポック［良き時代］と呼ばれる時代とも重なるこの時期は、平和と繁栄、そして過剰な消費が特徴で、第一次世界大戦（１９１４～18年）の恐怖が襲いかかるまで続いた。金持ちが牡蠣を好んで食べるようになり、それまで庶民的な食べ物だった牡蠣が上品で洗練された料理になった。１８５０年だけでアメリカにおよそ２００万人の移民が到着し、社会は富裕層と成金、そして貧乏人と生活の苦しい移民というふたつの層にはっきり分かれた。移民は安い労働力を大量に提供し、たくさんの牡蠣を食べ、これからもずっと食べ続けたいと願っていた。しかし残念なことに、彼らが密集して暮らす都市では下水設備が不十分で、衛生環境が整っていなかったために疫病が流行し、大勢の人の命を奪い、牡蠣産業の息の根も止めることになった。

　1869年5月10日、ユタ州のプロモントリー・サミットと呼ばれる場所で、セントラル・パシフィック鉄道とユニオン・パシフィック鉄道がアメリカの東と西から建設を進めてきた鉄道を連結するために、金で作られた犬釘《いぬくぎ》［レールを枕木に固定するための大釘］が打ち込まれた。こうして多大な労力をかけた大陸横断鉄道が開通し、広大なアメリカ大陸は鉄道の駅によって結ばれた。鉄道とともに食堂車ができ、駅のそばに宿屋ができた。線路沿いにはハーヴェイ・ハウスというレストラン・チェーンが開店してハーヴェイ・ガールズ［ハーヴェイ・ハウスのウェイトレス］が有名になり、牡蠣の輸送が始まった。牡蠣を収穫し、梱包し、鉄道で輸送するこのようなシステムは「オイスター・エクスプレス」と呼ばれた。多くのレストランは牡蠣が鉄道で届く日程をあらかじめ告知し、客はそれに合わせて食事の予定を立てた。1890年、シカゴに出荷される牡蠣225キログラム入りの樽の値段は7ドル50セントだった。政府の統計によると、2000ガロン［1ガロンはおよそ3・8リットル］のうち、紛失したり傷んだりしたものは1ガロンにも満たなかったという。ジェサップ・ホワイトヘッド［シェフで多数の料理書の著者。1833〜1889年］は『接客業の手引き *The Steward's Handbook*』（1889年）の中で、鉄道を利用する新しい旅行者に対する接客の心得を説いている。西部を目指す旅行者の多くは探鉱や農業でひとはた揚げるのが目的だったが、すでに一山あてた者や、事業をより大きくしようとする者もいた。西部はまだ辺境の地だったが、そこで店を開く事業主の多くは、洗練されたサービスを顧客に提供しようと努めた。一流のサービスは顧客の要求に応えるためであり、顧客の中には普段からそれに慣れている者もいれば、憧れのまなざしで眺める者もいた。

ルイス（フレンチ・ルイ）・デュプイ（1844～1900）もアメリカン・ドリームを追求した移民のひとりだった。デュプイはフランスからアメリカに移住し、短期間アメリカ軍に入隊した後、記者や探鉱夫の仕事も試したがうまくいかず、さびれた小さなパン屋の建物を購入してホテルを開いた。それが1875年にコロラド州ジョージタウンにオープンしたオテル・ドゥ・パリで、中西部一洗練されたホテルとしてのちに評判になった。このホテルではフランスから取り寄せたリモージュ焼きの食器、優美なナイフ・フォーク類、そして輸入品のリネン類を使って客をもてなした。1893年には電線を引いて電灯を初めて導入した店のひとつになった。大都市から3200キロ離れた地の利の悪さをものともせずに、フレンチ・ルイは輸入品のアンチョビのオリーブ油漬けや海亀のスープ、ポーターハウス・ステーキのトリュフ添えのようなごちそうのほかに、あらゆる牡蠣料理をとりそろえた。殻つきの生牡蠣は1ダース65セント、牡蠣のシチューは1ダース75セント、牡蠣フライは1ダース80セントだった。

有名なフードライターだったナサニエル・ニューナム＝デイビスが1903年に出版した『ヨーロッパ・グルメガイド *The Gourmet's Guide to Europe*』という本（現代のミシュラン・ガイドに相当する）には、旅行者のためのおいしい牡蠣とお勧めのレストランが紹介されている。ブルターニュはバターと卵だけが有名だが、と前置きしながら、この本ではブルターニュの海辺の町に読者を誘っている。「カンカルにはもちろん牡蠣床があり、この食用二枚貝がついさっきまで体を横たえていた干潟が見える場所で、その味を堪能することができる」。また、パリでは「デュフォ通りのプルニエズなら……いろいろな牡蠣料理が楽しめる。この店自慢の料理の数々——スープ、ヒラメ、ステーキ——はどれも牡蠣がベースやソース、あるいはつけあわせとして一緒に使われている」。パリでは特に、周囲に気を使わずに食事ができる場所として小さな「個室」が流行し、夜通しにぎやかに楽しみたい客に料理を届け、朝食には牡蠣とシャンパンが出された。当時はヴァンダービルト家やホイットニー家のようなアメリカの富豪一族が娘をイギリスの地主階級や貴族に嫁がせていた時代だ。貧しい庶民が黒パンとビールとともに牡蠣を食べる一方で、特権階級はニューヨークのデルモニコスやワシントンDCのハーベイズ——1932年に移転するまで、ユリシーズ・S・グラント［第18代］からフランクリン・ローズベルト［第32代］まで、すべてのアメリカ大統領がこの店で食事をした——、ニューオーリンズのアントワーヌズのような高級レストランで、キャビアやシャンパンと一緒に牡蠣を味わった。

◉洗練される牡蠣料理

金ぴか時代と呼ばれるこの時期に、レストランの料理の出し方に変化が起きた。昔はオードブル、スープ、魚、肉、デザートなどの料理を全部一度にテーブルに並べて、客が自分で食べたいものを皿に取るセルヴィス・ア・ラ・フランセーズと呼ばれるやり方（現在ではファミリー・スタイルと呼ばれる）だったが、それがセルヴィス・ア・ラ・リュス（ロシア方式）に変わったのである。セルヴィ・ア・ラ・リュスでは料理を一皿ずつ順番に出し、その料理に合った皿とナイフやフォーク、飲み物を提供するようになった。正式なコース料理は伝統的に8～10品の料理――もっと多いときもあった――で構成され、つねに牡蠣（あるいはキャビア）とシャンパンで始められた。続いてスープ（ポタージュやコンソメなど）とマデイラ・ワインやシェリー［どちらも甘口のワイン］、魚料理と白ワイン、肉料理と赤ワインというように進んでいき、ヴィンテージ・ポート・ワインと紅茶かコーヒー、そしてチーズで締めくくられた。

当時の有名シェフに、ニューヨークのデルモニコスのチャールズ・ランフォーファー（1836～1899）や、ロンドンのサヴォイ・ホテルの料理長オーギュスト・エスコフィエ（1846～1935）などがいる。エスコフィエは著書『フランス料理』（1903年）［角田明訳／柴田書店］の中で、牡蠣がいかに食材としてすぐれているかを絶賛し、このように述べている。「牡蠣は生で食べるのが最もよいとはいえ、牡蠣を主体にした料理は数多くあり、牡蠣をつけあわせに使う料理も多々あるので、ここでそのいくつかを挙げておきたい」。エスコフィエが挙げたレシピには、たとえば牡蠣のラ・ファヴォリータ風、牡蠣のグラタン、牡蠣のモルネーソースなど、数種類ある。ランフォーファーの代表作『エピキュリアン *The Epicurean*』（1894年）には、フィラデルフィア風、ウィーン風、牡蠣の詰め物、揚げ物、インド風カレー料理など、30種類もの牡蠣料理が掲載

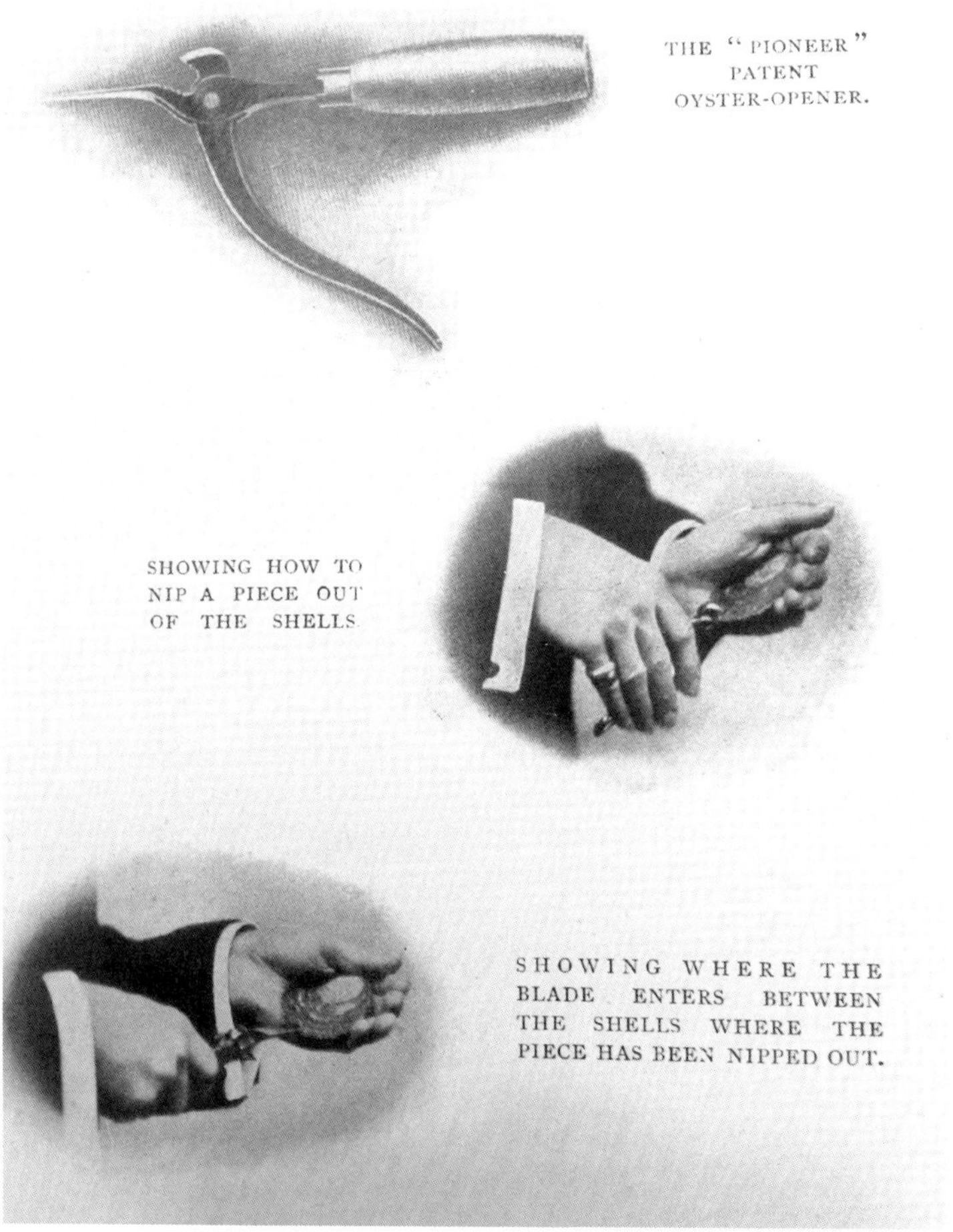

ヴィクトリア時代にはレストランのウェイターから家庭の消費者まで、誰もが簡単に牡蠣を扱えるように新しい道具がいくつも考案された。この牡蠣開け器もそのひとつである。

されていた。

何時間もかけて楽しむ食事の最初に生牡蠣が出されるようになると、そのために特別にデザインされた牡蠣皿が使用されることになった。牡蠣の殻はざらざらしていて、衛生的でない可能性もあったので、客が手を汚さずにすむようにという配慮だった。むき身の牡蠣を——その汁も一緒に——優雅な皿に入れ、待ちきれない客がそのごちそうを口に運ぶために銀のフォークを添えて出すほうが、はるかにスマートで清潔だった。このフォークは海の神ネプチューンが持つ三叉《みつまた》の槍を模して作られた小ぶりのもので、牡蠣を刺すにはちょうどいい大きさだった。牡蠣に添えられるフォークは凝ったものもあれば簡素なものもあったが、いずれにしても牡蠣に適切な道具を添えずに提供することはあり得なかった。シチューの場合は、牡蠣自体からにじみ出る味わいを余さずすくいとるために、特別なスプーンが用意された。牡蠣用プレート［牡蠣を盛りつけるための特別な皿］は——シンプルなもの、優雅なもの、けばけばしいもの、安っぽいものといろいろあるが——3種類の基本的なスタイルに分けられる。

・幾何学型《ジオメトリック》——丸い皿に牡蠣を入れる6つのくぼみが円を描くように並び、中央にソースを入れる場所がある。
・七面鳥型《ターキー》——幾何学型と違ってくぼみは5つで、くぼみの並び方が七面鳥の姿に見えることからこう呼ばれる。

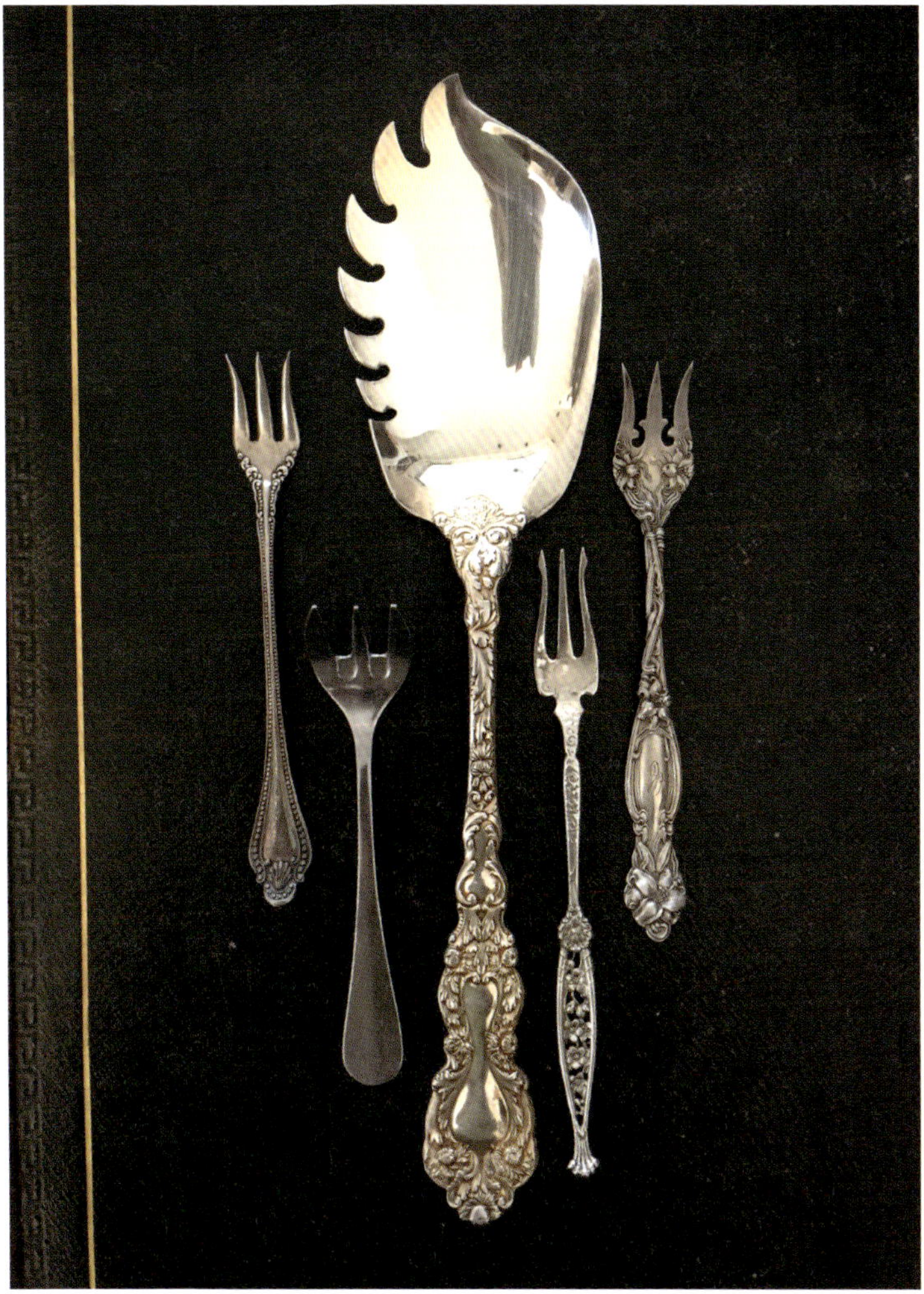

ヴィクトリア時代の人々はデザインの名手で、牡蠣用の大きな取り分けスプーンから小さくて繊細なフォークまで、美しい食器を創作した。

ホワイトハウスのために制作された唯一の牡蠣用プレート。1877年にラザフォード・B・ヘイズ大統領の依頼によって作られた。

・腎臓型《キドニー》――三日月型ともいう。主としてユニオン磁器会社によって生産された。

現在コレクションできる牡蠣用プレートは、10ドル程度のものもあれば、貴重な手描きの製品で、その10倍の値段がつくものもある。花のデザインもあれば、海の生き物に飾られた皿もある。牡蠣が入るくぼみはたいてい少しゆがんだ形で、牡蠣の殻の内側のゆるくうねった形をまねて作られ、閉殻筋《へいかくきん》が殻についていた場所を表すために、たいてい濃く塗られた部分がある。当時このような牡蠣用プレートは大人気だったので、第19代アメリカ大統領ラザフォード・B・ヘイズ（1822～1893）はホワイトハウス用に1セット作らせたほどだ。その皿は「ハーパーズ・ウィークリー」誌で仕事をしていた芸術家のセオドア・R・デイビス（1840～1894）がデザインし、フランスのリモージュ焼きを代表するアヴィランド社によって製作された。これが現在ターキー型と呼ばれる牡蠣用プ

オイスター・ロックフェラー

レートの初めての作品である。このセットにはブルーポイントという牡蠣の殻の内側と、ラクーンと呼ばれる牡蠣（現在は絶滅）の閉じた殻が一緒に描かれ、この2種類の殻の配置がアメリカ原産の七面鳥に見える仕掛けになっている。

◉オイスター・ロックフェラー

ただし牡蠣料理の中で最も有名なオイスター・ロックフェラーは、このような牡蠣用プレートで出されることは決してなかった。牡蠣専用の皿は磁器か陶器なので、オイスター・ロックフェラーを作るのに欠かせないグリルの使用には耐えられない。オイスター・ロックフェラーにはたくさんの伝説や逸話がつきまとい、いくつもの違う作り方が存在する。そのひとつが１８４０年にニューオーリンズのレストラン、アントワーヌズを開店した有名なアントワーヌ・アルシエーター（1875年死去）の息子のジュール・アルシエーター（1862〜1928）が考案したレシピだ。ジュールはフランスのいくつかの有名店でシェフの修行を積んでアメリカに帰国した。一説には、ジュールはエスカルゴが不足したとき、エスカルゴ料理を牡蠣で代用したのだと言われている。ソース（ベシャメルソースだという説もあれば、チーズが入っているという説もある）にはスパイスとゆでた青菜とパン粉を使い、殻を開けたばかりの牡蠣にソースをかけてグリルで焼く。現在でもアントワーヌズで作られている正確なレシピは門外不出の秘密になっている。ジュールの玄孫《やしゃご》にあたるロイ・F・ガスト・ジュニアは、「ソースは基本的に数種類の青菜のピューレでできているが、ホウレンソウは使っていない」と明言した。

アントワーヌズは、オイスター・ロックフェラーという名前は当時世界一の大富豪だったジョン・D・ロックフェラーにちなんでつけたと主張している。また別の言い伝えによれば、この料理はニューオーリンズで考案された後、デルモニコスのシェフ、ランフォーファーによってニューヨークに紹介され、そのときにニューヨークの富豪、ダイアモンド・ジム・ブレイディー（1856〜1917）をイメージした料理だという話が広まったそうだ。資本家で慈善家でもあったブレイディーはデルモニコスにオイスター・ロックフェラーを食べにくる常連として知られ、ソースに使われるホウレンソウの緑色がアメリカの紙幣の色である緑に通じるという理由で、オイスター・ロックフェラーは特権階級のシンボルのような料理になった。ダイアモンド・ジムは一度の食事で1ブッシェル［体積の単位。約35リットルに相当する］の牡蠣（およそ牡蠣１００個）をぺろりと平らげたと言われ、金持ち伝説と大食漢の評判にいっそう拍車がかかった。

中流や下層階級の人々の食事はもっと質素で、家庭で牡蠣のシチューのような簡単な料理を作って食べた。殻に入った生牡蠣以外は、牡蠣料理は日曜日の夕食に食べるもので、グリルで焼く、シチューに入れる、フライパンで焼く、オムレツやパイに入れるといった調理法があった。中流階級が食事に行くような店では、客を楽しませるために「パティ・マン」と呼ばれる芸人――アイルランド人が多かった――が牡蠣の料理をふるまった。パティ・マンはわくわくしながら待つ客の目の前で、あらかじめ小さく焼いたパイの中に息をのむような素早い動作で牡蠣とグレービーソースを手際よく詰めて差し出すのだ。１８８４年４月５日の「ユージーン・レジスター」紙には、次のような無記名の記事が掲載されている。

私はお腹がすいているとつい10セントのサンドイッチに引き寄せられそうになるのだが、今回はそんなお手軽なものは無視することにして、レストランの中に特別に設けられたパイ・コーナーに向かった。そこはいつ行っても人でいっぱいだ。おいしい牡蠣のパイを目当てに大勢が辛抱強く列を作っているのである。カウンターの左端には牡蠣のパティ・マン。右端にはライバルのチキン・パティ・マンが陣取っているが、牡蠣の人気は絶大だ。チキンのパイが１個売れる間に、50個の牡蠣のパイが客の胃の中に収まってしまう。

●疫病

ヨーロッパでもアメリカでも、人口過密と不十分な衛生設備、そして牡蠣独特の生息環境という条件が重なって、疫病――特にコレラとチフス――の大流行がたびたび発生した。コレラもチフスも細菌が原因で発症する命にかかわる病気で、主に細菌に汚染された水や食べ物を口にすることで感染する。町中では牡蠣の行商人が通りで牡蠣を売り歩き、そのすぐそばで肉屋や魚屋が商品をさばき、内臓や売り物にならない部分を溝に捨てた。共同住宅の区画にはほとんど公共の洗い場はなく、住民の多くは肉屋や魚屋と同じ溝にゴミを捨てた。この下水はすべて近くの水路［河川や運河など］に流れ込んだ。この水路の水は飲料水の主要な取水源であったから、牡蠣床にもそのまま流れ込んだ。

コレラの最初の世界的大流行は１８１７年にインドで発生し、アジア全域に広がって、１８２０年代には中東に達した。続いて１８３０年にはロシアと東欧にもコレラが発生し、１８３２年にはロンドンとパリに到達して、パリだけで1万３０００人の死者を出した。イギリス沿岸部のケント州では19世紀に3回コレラが流行した。コレラは１８３２年6月に大西洋を越え、ニューヨーク市の人口の半分近い10万人以上が恐怖に駆られてニューヨークから脱出した。

コレラがどうやって広がるのか誰にもわからず、流行を止める手立てはないように見えた。コレラにかかった患者は短期間に、たいていは数日以内に死亡し、致死率は90パーセントという驚くべき高さだった。ニューヨークで１８５４年にコレラが大流行すると、牡蠣が病気の原因だといううわさが広まり、新聞で「オイスター・パニック」と名づけられた。しかしコレラの犠牲になった貧しい人々は文字が読めず、新聞が読めなかったせいもあって、「オイスター・パニック」という言葉に注目したのは貧しい人々よりも上流階級のほうが多かった。

チフスはコレラより予防しやすく、致死率も低かったが、牡蠣産業に致命傷を与えたという点ではコレラと同じだった。神経内科医のウィリアム・ブロードベント（1835～1907）は「ブリティッシュ・メディカル・ジャーナル」誌の記事で、ヨーロッパで発生した数十の症例について報告した。ベルリンの2名の死者、イタリアとフランスに発生源があると考えられる「数多くの症例」、1893～96年の間にイギリスのブライトンだけで発生した181の症例（そのうち3分の1近くが生の貝を食べたのが原因だとみなされた）。1893年10月にはコネティカット州のウェズリアン大学で、3つの異なる社交組織に所属する学生の間で26の症例が見つかった。患者たちの唯一の共通点といえば、近くにある牡蠣の仕出し屋を利用したことだけだった。さらに別の時期に起こった大流行がイギリスのハンプシャー州の都市エムズワースの牡蠣産業の衰退を決定的にした。1902年に州都ウィンチェスターで開かれた市長主催の晩餐会で牡蠣を食べた後、63人の具合が悪くなり、4人が亡くなったのである。『ヨーロッパ・グルメガイド』の目先が利く著者ニューナム＝デイビスも、経験豊富な旅行者に注意を喚起した。「ロシアで牡蠣を食べる人は地獄の責め苦を覚悟したほうがいいし、二通りの意味で高くつく。どこでチフスに感染するかわからないような町では、牡蠣を食べるのは贅沢でもあり危険でもある」

チフスの大流行の原因が汚染された水にあるということが明らかになったが、病原菌は保菌者によってもばらまかれた。世界で初めてチフス菌の保菌者として認定されたメアリー・マローン（１８６９〜１９３８）――悪名高いチフスのメアリー――という女性がいる。彼女はニューヨークのオイスターベイで、裕福な銀行家のチャールズ・ヘンリー・ウォレン一家など数家族の家で料理人として働いていた。ウォレンの家族がチフスを発症したほか、メアリーの勤め先でたびたびチフスの患者が発生し、ついにメアリーがチフス菌の保菌者［保菌者だが発症はしていなかった］であることがわかった。メアリーが病院に隔離されるまで、彼女ひとりで50名以上をチフスに感染させ、そのうち３人が死亡したと推測されている。チフス菌の汚染を招くもっと危険な行為は、河口や入り江から牡蠣を収穫した後、身を太らせるために籠に入れて、下水が流れ出す場所の近くに吊しておく習慣だった。出荷の数日前に牡蠣を塩分の濃い海水から淡水に移しておくと、牡蠣の身に淡水が浸透して、身がよりふっくらして見えるのである。

１９２０年に発行された「貝類の細菌学的検査のための標準的手順」と題するマニュアルには公衆衛生に関する配慮が見られるが、実際にはほとんど顧みられないまま、１９２４〜25年の冬に牡蠣が原因のきわめて悲惨なチフスの流行が発生した。ニューヨーク、ワシントンＤＣ、シカゴで同時に患者の発生が報告された。１５００人以上が感染し、１５０人が死亡した。感染経路をたどると、最終的にニューヨークのウェスト・セイビルという流通会社にたどり着いた。この会社は牡蠣を出荷前に淡水に吊していたのである。この悲劇がきっかけとなって、衛生と安全に関する多数の法が施行されたが、そのときにはすでに牡蠣の需要は世界的に50〜80パーセントも減少していた。

●牡蠣と医学

牡蠣が原因で病気になるかもしれないという恐れと、特に20世紀の終わりから多くの医師が推奨し始めた牡蠣の健康上の利点との間で、意見はふたつに分かれている。ヴィクトリア時代は、健康のためにおかしなものがいくつも流行したことで知られている。たとえばヒ素入りの石けんや、フレッチャーイズム（食べ物をよく噛むことを推奨する健康法）、そしてサナトリウムの人気などである。サナトリウムを訪れる者は、いろいろな種類の浣腸、硫黄《いおう》温泉、それに電気ショック療法まで利用できた。この時代に牡蠣の健康上の利点を大いに推奨する風潮が生まれたとしても不思議ではなかった。どんな時代にも医師は健康的な食生活のために牡蠣を勧めていたからだ。牡蠣を食べるのは健康によいという考えが頂点に達したのはヴィクトリア時代の後のエドワード時代［エドワード7世の治世。1901〜1910年］で、牡蠣をテーマにした雑誌記事や本が数え切れないほど書かれた。

たとえば装丁の美しい『最高の軟体動物——美食家、病人、医師、一般市民との関係から見る牡蠣に関する総合的論文 *The Mollusc Paramount, Being a Comprehensive Treatise on the Oyster in Relation to the Epicure, the Invalid, the Physician & the Plain Citizen*』（1909年）という本は、牡蠣の持つ健康上の利点を丹念に掘り下げている。何人もの医師が牡蠣の医療上の効果についてくわしく解説している。

そのひとりであるパスキエ医師は、「暴飲暴食の習慣があり、不節制が原因で神経症や抑うつ状態になった人に牡蠣を食べるように勧め、……いくつかの症例ではほかのどんな『治療薬』も効かなかった患者の治療に成功した」。また、牡蠣が「女性特有の体の不調」にも効くということもよく知られていた。

女性の結婚生活において、吐き気が強い時期ほど牡蠣が効果を発揮するときはない。そういう時期には数個の牡蠣をわずかなコショウ以外何も加えずに汁ごと生で食べれば、何よりも効果的な治療薬になる。

21世紀のオイスターシューター［ショットグラスに生牡蠣のむき身とお酒、好みのソースなどを入れたもの］のヴィクトリア時代版と言えるのが、牡蠣、牛肉から取ったスープ、クズウコンを混ぜて作る「お茶」だ。このお茶は医師の指示に従って服用すれば、抑うつ状態から肺疾患まで、何にでも効くと信じられていた。

ミシガン州にバトルクリーク・サナトリウムを建設したことで知られ、菜食主義の初期の提唱者としても有名なJ・ハーベイ・ケロッグ（1852〜1943）は、今ではもっぱらコーンフレークの発明者として知られている。ケロッグは牡蠣（ついでに言えばあらゆる肉）をあまり評価していなかった。1907年にミシガン園芸協会で行なったスピーチの中で、彼はこのように断言した。

コース料理の最初はたいてい牡蠣ですが、私は絶対に食べません。なぜか？　牡蠣はごみを食べて生きているからです。奴らは海の底で泥をなめて生きているのです。そして漁師は泥のたまった海底から牡蠣を獲ってきます。牡蠣は大きな口を開けて泥をなめます。泥が好きなんです。微生物がいっぱいいるからです。さて、レモン汁は牡蠣についているばい菌を殺すだけでなく、チフス菌も殺してくれます。そうなのです。牡蠣のばい菌はチフス菌なのです。だから生牡蠣を食べるとチフスになることがあるのです。もしチフスにかかりたければ、殻付きの生牡蠣を食べるのが早道でしょう。

ケロッグは牡蠣とチフスの関係については明らかに的を射ているが、科学的な分析は不正確だった。レモン汁についての発言も間違っている。致命的に間違っているといったほうがいいかもしれない。当時の多くの医師が、レモン汁に含まれる酸がチフス菌を殺すという誤った説を信じていた。新聞にも「レモン汁は飲料水に加えるだけでなく、牡蠣を生で食べるときにたっぷり振りかけるように〔シカゴの保健〕当局は推奨した」というとんでもなく間違った情報が掲載された。しかし古い習慣を断ち切るのは難しいようで、牡蠣には4分の1にカットしたレモンが昔からずっと添えられている（今ではこれは伝統的なつけあわせ以上の意味はないと考えられている）。レモン汁にチフス菌を殺す効果があるという俗説を否定しようと努力した医学誌は当時もあったが、その警告に耳を貸す者はいなかった。

何も知らない人々は、レモンさえあればチフスにかからずにすむと今後も信じ続けるのだろう。こうした間違った情報を軽率に広めることによって生じる損害は計り知れない。医療記事を書く記者は、間違いを正す記事よりも、間違いを助長する記事のほうが読者の興味を引くと知っているからだ。

金ぴか時代が終わった時期については諸説ある。1870年代まで、あるいは1893年の恐慌までという考え方もあれば、セオドア・ローズベルトが大統領に就任した1901年まで、あるいは第一次世界大戦が勃発した1914年までを金ぴか時代に含める考え方もある。しかしアメリカの牡蠣業者にとっての金ぴか時代の終わりとは、1893年の恐慌だった。世界の大国としてのアメリカの発展は、それまでアメリカが経験した中で最悪の不況によって無に帰した。数十年にわたる株式市場や新規事業への過剰投機、産業の急成長、移民の流入、それに悪徳業者の不正行為などのつけがまわって、アメリカ経済は壊滅した。1万6000以上の事業所が閉鎖され、300万人が失業し、大規模なストライキが起こった。およそ650の銀行が倒産した。19世紀終わりの10年間から20世紀初めの10年間の間に起こったことは、牡蠣を愛する消費者と牡蠣の料理人、そして牡蠣漁師にとってほぼすべてを変える結果になった。

第7章 ◉ 20世紀の牡蠣

◉乱獲と規制

20世紀は変化と悲劇、そして最後には勝利を手にした時代となった。牡蠣床は乱獲によって急速に収穫量が減少し、その事実に気づいた人々は何とか手を打とうとした。牡蠣床や他の魚の減少を受けて、イギリスではダーウィンの進化論支持者で有名な生物学者のＴ・Ｈ・ハクスリーを委員長として、海洋漁業に関する王立委員会が設立された。アメリカでは１９０９年に牡蠣生産者・販売者組合（ＯＧＤＡ）と全米貝・甲殻類委員会連合（ＮＡＳＣ）が協力して牡蠣産業の衰退に対処することになった。当時はアメリカの13州が世界の牡蠣産出量の88パーセントを生産していた。１９１５年にこのふたつの団体は再編成されて全米漁業委員会連合（ＮＡＦＣ）になり、１９３０年には全米貝・甲殻類漁業組合（ＮＳＡ）と改名して、現在もこの産業に携わるあらゆ

牡蠣をばらして選別する仕事は重労働だ。

る人々をメンバーとして活動している。
20世紀になる頃には、アメリカ東海岸全体とイギリスの牡蠣床は、牡蠣が枯渇するか、汚染によって牡蠣が販売できなくなったなどの理由で、次々に閉鎖された。乳製品、肉類、菓子などの生産者が工業化を推し進めた食品産業は、牡蠣産業の成長を阻害したのと同じ衛生上の問題を抱えていた。食品科学はまだ誕生したばかりで、食物の消費にかかわる「細菌学」の研究は、10年かけてようやく民間伝承を脱して科学的事実に目を向け始めた。調査官は下水の処理状態と病気の関係を指摘できるようになった。１９０６年に連邦議会によって「純良食品法」が制定され、それと同じ日にセオドア・ローズベルト大統領が「連邦食肉検査法」に署名した。これらの法律によって、牡蠣の処理、梱包、出荷に関する規制がより厳格になった。

これらの規制によって不潔で有害な食品産業は衛生的になったが、多くの消費者は警戒心をゆるめなかった。イギリスでは20世紀の最初の10年間に何度かチフスが流行し、患者が訴訟を起こしたことも数回あった。牡蠣を食べた客がレストランを訴え、被害者が賠償金を勝ち取ったのである。科学者は、植民地時代にはニューヨークの海だけで3兆の牡蠣が生息していたと推定している。ニューヨークは19世紀まで世界の牡蠣産業の中心だったが、汚染と乱獲によって20世紀までにその数は急激に減り始めた。牡蠣とチフスの因果関係が証明されたため、1927年にニューヨークの最後の牡蠣漁場が閉鎖された。こうして、ニューヨークで売る牡蠣はニューイングランドから運んでこなければならなくなった。

ウィリアム・ケネス・ブルックスは『牡蠣 *The Oysters*』(1891年)の中で、「チェサピーク湾の天然の牡蠣の供給は需要に追いつかなくなった。この状態を打開するには……人工的な手段で供給を増やすしかない」と予言している。この意見に耳を傾ける人が増え始め、1902年にワシントン州のピュージェット湾では枯渇した牡蠣床の再生のために、日本から種牡蠣の輸入を始めた。第一次世界大戦まではこの養殖が成功していたが、戦争が始まると世間の関心は牡蠣どころではなくなった。はなやかな晩餐会や富のひけらかしは鳴りを潜め、世の中は質素倹約の一色に塗りつぶされた。戦時中は配給制が当たり前になった。消費者の牡蠣への情熱が冷めたわけではなかったが、戦争が終わった後、少なくともアメリカでは、牡蠣を手に入れるのはいっそう難しくなった。チャールズ・ディケンズがアメリカを訪れたときは牡蠣が大人気だったサロンや酒場は、禁酒法のために1918年から1930年まで閉鎖された。

◉牡蠣と芸術家たち

第一次世界大戦後のヨーロッパでは、シルヴィア・ビーチ［アメリカ生まれ、パリで書店兼貸本屋を営む。彼の店には多数の国籍離脱者が集まった］やジェームズ・ジョイスといった知識人の国籍離脱者［既成の価値観に対する反発から祖国を捨ててパリで奔放な暮らしをした人々］が、ガートルード・スタインやスタインのパートナーのアリス・B・トクラス（有名な著書『アリス・B・トクラスの料理読本』にオイスター・ロックフェラーのレシピを載せている）のもとに集まり、議論を交わすのを楽しんだ。1921年にアーネスト・ヘミングウェイは記者として名を上げる目的でパリにやってきた。次の一節を読むと、カフェでペンを走らせ、死後に出版された『移動祝祭日』の一節を書いているヘミングウェイの姿が容易に想像できる。

牡蠣には濃厚な海の味わいに加えて微《かす》かに金属的な味わいがあったが、それを白ワインで洗い流すと、海の味わいと汁気に富んだ舌ざわりしか残らない。それを味わい、殻の一つ一つから冷たい汁をすすって、きりっとしたワインの味で洗い流しているうちに、あの脱力感が消えて気分がよくなった。私はこれからのプランを立てはじめた。［『移動祝祭日』高見浩訳／新潮社／

２００９年」

ヘミングウェイは「その短編を書き終えたノートを内ポケットにおさめてから、ポルテュゲーズ牡蠣を一ダースと辛口のワインをハーフ・カラフで持ってきてくれ、とウェイターに頼んだ」。残念ながら、ポルトガルガキ（学名 *Crassostrea angulata*）は１９６９年に牡蠣を襲う数あるウィルス性の病気のひとつであるギル病に侵され、現在では世界で商業的な養殖が行なわれている場所はどこにもない。

ヘミングウェイは牡蠣についてロマンチックな一節を書いたが、アメリカの作詞・作曲家のコール・ポーター（１８９１〜１９６４）は、成金が地位と名誉を手に入れようとする姿を牡蠣に託して、抱腹絶倒の皮肉な曲「牡蠣の話 The Tale of the Oyster」を書いた。

海の底、ひとりぼっちの牡蠣が暮らしてた。
悲しみは日増しに深まり、涙が乾くときはない。
故郷の暮らしは耐え難いほど湿っぽく、
彼は旅に出たいと願った。上殻と一緒に。

この歌は海の底からすくいとられてコックに料理され、大金持ちの妻に食べられる牡蠣の物語だ。

この妻は食後にヨットに乗って船酔いし、食べた牡蠣を海に戻してしまう。牡蠣は食べられて死ぬ自分の気持ちを明かしている。

生まれた場所に舞い戻り、
彼はつぶやく。「ちっとも嫌な気分じゃないさ。
俺は世間ってものを味わって、
世間は俺を味わったんだから」

●牡蠣を再生せよ

ふたつの世界大戦の間に、西海岸では日本から移植された種牡蠣が繁殖し、衰退した東海岸の牡蠣産業を復活させるために1926年にワシントン州のサミッシュ湾から牡蠣の成貝2000個と、日本から種牡蠣20ケースがチェサピーク湾に送られた。1932年までにカナダのブリティッシュ・コロンビアではマガキの最初の大規模な産卵があった。1929年の大恐慌によって荒廃したアメリカは不況に襲われ、全米貝・甲殻類漁業組合の歴史をつづった本（2004年）の中で、著者のメルボルン・ロメイン・キャリカーは「〔牡蠣の〕生産量は50パーセント落ち込み、1933年までにおそらく1500万人が失業した」と述べている。フランクリン・ローズベルト大統領が大恐慌後に推進したニューディール政策によって、アメリカの景気は第二次世界大戦前まで上昇を続けた。しかし家庭の主要な食べ物としての牡蠣の手に入れやすさと人気が19世紀の水準まで劇的に復活することは二度となかった。牡蠣はあいかわらず好まれ、人気もあったが、牡蠣は特別な食べ物になり、牡蠣に代わって牛肉や鶏肉が一般家庭の基本的な食べ物になった。

1939年にヨーロッパで第二次世界大戦が勃発し、日本からアメリカへの種牡蠣の輸送は停止された。2度の世界大戦によって牡蠣の生産は途絶えたが、第二次世界大戦後に航空機の商業利用が始まると、1952年にアメリカ初の貨物専門航空会社フライング・タイガーの定期便が初めて牡蠣を空輸して、苦戦する牡蠣産業の復活に一役買った。戦争は日本の宮城と広島の牡蠣床にも深刻な被害を与えていた。イギリスもまた、何世紀もの間ヨーロッパにおける牡蠣の生産大国だったにもかかわらず、牡蠣床の減少は深刻だった。イギリスでは1950年代に農業・漁業・食料省の漁業調査局が、ウェールズ北岸のコンウィの実験場で、天然の牡蠣の幼生を自然環境に定着させるためのさまざまな方法を検討した。最初はポルトガルガキの種牡蠣の移植を試みたが、ウェールズの海水はこの種類の牡蠣には冷たすぎた。次に試したのはマガキ（学名 *Crassostrea gigas*）だが、これもうまくいかなかった。省の記録にはこう書かれている。

> 今回使用した種牡蠣が成功しなかった原因として、次の要因が考えられる。（1）微小な牡蠣〔2～3ミリ〕を牡蠣床に撒ける大きさまで育てるのに必要な専門的技術の不足、（2）小さな種牡蠣を養殖するために要するトレイ〔牡蠣を並べて置く網状の平たい容器〕、筏《いかだ》、労働力に

かかる莫大な経費、（3）市場における明確な販路の不足。

イギリスもまた、世界の他の国々の動向に追随した。徹底的に管理された孵化場の調査と利用に着手したのである。

フランスの牡蠣床は2度の世界大戦による破壊の猛威を大体において免れ、牡蠣産業を再開しやすい状態にあった。1950年代には棚と網袋を用いる養殖法が採用された。この方法は古代ローマでセルギウス・オラタが実行したやり方とよく似ている。棚の使用に加えて、牡蠣の入った網袋はときどきひっくり返される。そうすることで牡蠣が袋や他の牡蠣に付着するのを防いで、均等な成長が期待できる。鉄製の棚を砂や泥の上に設置することにより、牡蠣は海底に触れないで育つので、餌をたくさん食べることができ、成長が速くなる。また、この方法を使えば牡蠣を捕食者から保護することもできる。牡蠣の養殖の歴史において、この簡単な仕組みが考案されたのは、牡蠣を干潟にばらまく伝統的な地蒔き法以来の大きな進歩だと考える人もいる。アフィナージュ（熟成）は、フランスの牡蠣生産者が牡蠣を「仕上げる」ための最終段階だ。牡蠣は環境によって味に個性が出るため、生産者は牡蠣が生息する環境の条件を変えることによって、仕上がり状態を調整できる。

アフィナージュの最もよい例が、有名なマレンヌ＝オレロンの緑色をした牡蠣である。緑色の牡蠣についてはこんな逸話が残っている。フランス国王ルイ14世が新しく迎えた妻マントノン夫人［身分が低かったため結婚は内密で、王妃とは呼ばれなかった］のためにマレンヌ＝オレロンから牡蠣を取

マレンヌ＝オレロンの牡蠣の多くは、ナビキュラ・オストレアという微細藻類を食べて緑色になる。

り寄せた。それまで緑の牡蠣など見たことも聞いたこともなかった夫人は、調理人が王の暗殺をたくらんだのだと考え、その牡蠣を捨てるように命じた。国王はあっけに取られて、マレンヌ＝オレロンの牡蠣は緑色をしているのが普通で、ごちそうなのだと説明したという。マレンヌ＝オレロンの牡蠣が緑に色づくのは、熟成のために入れられる養殖池で緑の色素を持つナビキュラ・オストレア（学名 *Navicula ostrea*）［フネケイソウ］という微細藻類を食べるからだ。もっとも、フランス人はこの藻類を「ナビキュール・ブルー」（青いナビキュラ）と呼んでいる。多数の牡蠣養殖家が職人芸的な牡蠣を「創造する」努力をしているが、その最たる例がこの緑色の牡蠣だろう。

　第二次世界大戦が社会に与えた影響のひと

Is the luxury of its flavor worth the extra cost?
(She'll know... and so will you the moment you taste it)
People who know fine food will wonder why this costs so little.
Here's oyster stew for folks with definite feelings on the subject. It's made with ocean-fresh oysters . . . simmered with all their good juices in fresh milk and special seasonings . . . and enough butter to float in golden pools on top. Then Campbell's freezes it fast—to hold all that wonderful flavor.
Discriminating people won't be surprised that this elegant oyster stew is higher priced. The wonder is that it costs so little. (As little as 13 cents per serving.)
Why don't you treat your family to Frozen Oyster Stew soon? Pick up a can or two next time you pass your grocer's freezer.
FROZEN
Campbell's
CONDENSED
FROZEN
OYSTER STEW SOUP
Green Pea with Ham
Oyster Stew • Clam Chowder
Old-Fashioned Vegetable with Beef
Cream of Shrimp • Cream of Potato
OYSTER STEW
FROZEN by Campbell's

キャンベル社が製造する冷凍の牡蠣シチューは50年間も人気商品だった。

つに、調理済み食品の世界的な普及がある。数多くの男性が戦場に駆り出されたため、兵役についた男性が抜けて、労働市場に大きな穴が開いた。その穴を埋めるために、かつてないほど多くの女性が産業の担い手として働き始める一方で、家事の負担を減らすために、冷凍食品や缶詰が使われるようになった。1954年にキャンベルは冷凍スープを発売して、スープ作りに革命を起こした。急速冷凍技術によって品質の高い製品が作れるようになり、スッポンスープ、クラムチャウダー、グリーンピースとハムのスープ、ジャガイモのクリームスープ、エビのクリームスープなど、多彩な商品が売り出された。キャンベルの牡蠣のシチューは人気商品だったが、1972年に冷凍の牡蠣シチューは製造中止になった。消費者はしかたなく濃縮タイプの牡蠣シチューを買うようになったが、2011年にはそれも製造中止になった。キャンベルが牡蠣を購入していた韓国の牡蠣養殖場の汚染の水準が、許容範囲を超えたからだ。

●病気

20世紀の終わりには、牡蠣産業は乱獲と病気の流行によってふたたび生産が落ち込んだ。今回の病気はチフスやコレラのような人間の病気ではなく、牡蠣の病気で、アメリカの牡蠣産業の大部分が被害を受け、衰退した。1950年代と60年代に、アメリカ東海岸とメキシコ湾の牡蠣に2種類の恐ろしい寄生虫が蔓延した。ひとつはMSX病（寄生虫ハプロスポリジャム・ネルソーニが原因）、もうひとつはデルモ病（寄生虫パーキンサス・マリナスが原因）による被害である。どち

らの寄生虫も、食べても人間に害はないが、デラウェア湾などいくつかの産地では90～95パーセントの牡蠣が死滅した。

これらの寄生虫とはまったく別の寄生虫による病気で、デンマン島症と名づけられた病気がある。カナダのブリティッシュ・コロンビア州で発生し、最初の大流行でこの地域の牡蠣の30パーセントが死滅した。ＭＳＸとデルモはアメリカ西海岸やカナダには広がらなかった。日本から輸入される病気に強いマガキの種牡蠣のおかげで、西海岸の牡蠣産業は成長を続けた。１９７０年代に孵化場で種牡蠣の生産が可能になると、日本から種牡蠣を輸入する必要はなくなった。

●世界に広がる牡蠣養殖

科学知識と病気に関する知識の向上によって、牡蠣は世界中で気軽に食べられる食品としての地位を取り戻し始めた。１９７０年代に世界各地で牡蠣の移植や新しい牡蠣床の開発が始まり、牡蠣産業は急激に拡大した。タスマニアは種牡蠣生産の強力な担い手となり、オーストラリアはタスマニア産の種牡蠣をもとに、国内の牡蠣養殖産業を世界第4位の水産養殖業に成長させた。１９８０年には偶然の出来事がきっかけで、マガキがアルゼンチンに移植され、ブエノスアイレス付近の海岸の自然の地形が養殖に適していたことから、現在ではこの海岸で種牡蠣が継続的に収穫されている。

モロッコでは、大西洋に面した大都市カサブランカの南にあるワリディアという町の干潟が１９５０年代なかばに牡蠣の養殖場となり、現在では品質のよい牡蠣が獲れるすぐれた生産地と

現代中国の竹製筏（いかだ）を使った養殖

して知られている。短期間に牡蠣の生産を大幅に増やしたもうひとつの国はインドだ。インドでは1972年に中央海洋水産研究所が真珠養殖計画に着手した結果、新しい種類の食用牡蠣の開発に必要な技術が進歩した。インドで最もよく知られた牡蠣は、インド最南端に位置するタミル・ナードゥ州の沿岸で豊富に収穫されるインディアン・バックウォーター・オイスター（学名 *Crassostrea bilineata*）である。

産業としての牡蠣養殖の成長と拡大という点では、中国は群を抜いている。中国には10以上の水産養殖研究所があり、そのほとんどが牡蠣の養殖の向上を目指して研究を進めている。マガキだけを見ても、中国の牡蠣の生産量は圧倒的だ。世界で生産される400万トン以上のマガキのうち、中国産は84パーセントを占めている。日本と韓国はそれぞれ20万トン以上で、第4位のフランスはこれらの国々にかなり差をつけられているが、11万5000トンを生産

している。世界に46か国ある牡蠣生産国のうち、大規模な生産によって消費者の需要を満たすことができるのは、ほかにアメリカ（4万3000トン）と台湾（2万3000トン）しかない。

●牡蠣祭り

牡蠣の人気の高さを見れば、世界各地に牡蠣祭りがあるのは驚くにあたらない。世界初の牡蠣祭りと言われる14世紀のコルチェスターのセント・デニーズ祭り［第4章参照］に始まり、牡蠣祭りは世界中で開かれている。ブラジルでは国内で生産される牡蠣の90パーセントがサンタカタリーナ州で養殖され、州都フロリアノポリスで開かれる「ナショナル・オイスター・アンド・アゾレアン・カルチャー・フェスティバル」は、フェナ・オストラ（牡蠣祭り）と呼ばれて親しまれている。フェナ・オストラは地元の参加者からクイーンやプリンセスを選ぶいくつかの祭りのひとつだ。南アフリカでは1983年から「ピックンペイ・ナイズナ・オイスターフェスティバル」が6月に開催される。日本では牡蠣の産地として有名な広島県で「宮島かき祭り」が2月に開かれ、宮島産の牡蠣をたっぷり使ったさまざまな牡蠣料理を味わうことができる。

アメリカでは毎年8月5日はナショナル・オイスター・デーと定められ、この日は各地でたくさんの牡蠣祭りが開かれる。アイルランドのゴールウェイで1954年から開催されている「国際オイスターフェスティバル」は、アイルランドではセント・パトリックス・デーのお祝いに次いで世界的に有名な祭りのひとつである。毎年2万2000人以上の観光客が訪れるこの牡蠣祭り

では、伝統ある牡蠣開け大会が開かれる。これまでの優勝者に、1分間で38個の牡蠣を開けて世界記録を作ったトロント在住のパトリック・マクマレーなどがいる。

この祭りの最大の魅力は、なんといっても牡蠣とスタウトと呼ばれる黒いビールの組み合わせだ。牡蠣にスタウトを合わせる「伝統」がいつ始まったのか明確な起源はわからないが、黒いビールで有名なアイルランドのギネス社は何十年も前からこのふたつの相性のよさを宣伝している。イギリスの首相だったベンジャミン・ディズレーリ（１８０４～１８８１）は、１８３７年［この年にディズレーリは議員に初当選した］に姉に宛てた手紙の中で、ある日の食事のようすを楽しげに書き送っている。「私は私たちの党の精鋭というべき大勢の方々とカールトンで食事をしました。晩餐というよりは、もっと気軽な夕食の席で、牡蠣、ギネス、骨髄のローストを楽しみ、12時半に就寝しました。こうして私の人生の記念すべき一日が終わったのです」

１００年前のアイルランドを思い浮かべてみよう。収穫した牡蠣を運ぶ港湾労働者が、一日の重労働を終えて疲れ果て、重い足取りでゴールウェイのパブに入っていく姿が容易に想像できるだろう。カウンターの前に背中を丸めて立ち、この労働者は体力を回復するために1パイントのスタウトと生牡蠣を注文する。素朴なアイルランド風の黒パンにバターを塗ったものと一緒に食べれば、疲れを癒やす気軽な組み合わせの食事になる。仕事帰りには、牡蠣に白ワインよりもスタウトを合わせるのが定番になっている。

ギネスのスタウトと牡蠣の組み合わせは何世代もの人々に愛されてきた。

●牡蠣のビール

オイスター・スタウトというビールがあると聞けば、その正体を知りたくなるというものだ。オイスター・スタウトは牡蠣を使って造られる、こくがあって濃厚な黒いビールだ。オイスター・スタウトは最近になって多数の小規模醸造所が手造りのクラフトビールとして売り出すようになったが、いつ、どこで最初に造られたのかについてはさまざまな説がある。一説には1929年にニュージーランドで最初のオイスター・スタウトが造られたと言われている。最初に牡蠣を使い始めたのがどの醸造会社かは不明だが、ニュージーランドで1920年代終わりに生産された牡蠣エキスが、ビールの泡持ちのよさを高めるために醸造過程で加えられたらしい。ニュースクールビアというビールのブログを運営しているエズラ・ジョンソン＝グリーノウもオイスター・スタウトの起源について調査し、ビールやウイスキーに関する著書で数々の受賞歴のあるイギリスのライター、マイケル・ジャクソンの見解を引用して、このように書いている。

マイケル・ジャクソンもまた、スタウトの醸造過程に牡蠣を加えるという考えそのものが、牡蠣とスタウトを一緒に味わう習慣から生まれた単なる伝説かもしれないと述べている。確かにコルチェスター醸造会社はコルネ川で行なわれる年1回の牡蠣の収穫を祝うために、オイスター・フィースト・スタウトというビールを造った［1900年頃とされる］。しかしこれは単に牡蠣の収穫を記念してつけられた名前で、たぶん中身はいたって普通のスタウトだったと考えられる。おそらくこれが牡蠣で造るビールという言い伝えの始まりになったのだろう。もしもそれがただの言い伝えでないとしたら、このビールは記録にある初のオイスター・スタウトということになる。このビールは1925年にコルチェスター醸造会社がインド・クープ・アンド・アルソップ社に買収されたときも製造が続いていて、ロンドンの醸造組合のマイケル・リプリーによれば、買収後もインド・クープ社のロムフォードの醸造所で少なくとも1940年まで生産されたそうだ。ともあれ、牡蠣で作るスタウトがいつから存在したのかわからないとしても、今では現実のものになった。

ある時期に牡蠣殻がビールの清澄剤《せいちょうざい》［ビールの濁りを取り除くために投入される］として使われていたことが研究によって明らかになっている。ワイン生産者はワインの濁りを取るために卵の殻を利用する。牡蠣殻は強いアルカリ性なので、清澄剤として働くほかに、ビールの酸味を消す効果もある。

オイスター・スタウトの起源はあいまいだが、最近では牡蠣の殻だけでなく、身まで含めて丸ごとビールの煮沸釜に入れる醸造家もいるようだ。オイスター・スタウトがギネスやマッケソンの造るスタウトに取って代わる可能性はないとしても、職人的醸造家によるビール造りの最前線で試飲されたオイスター・スタウトの味は上々で、その名の通り牡蠣によく合う仕上がりになっている。

第8章◉恋心をかき立てる牡蠣

◉媚薬としての牡蠣

セクシーな欲求をかき立てる食べ物はいろいろあるが、牡蠣ほど媚薬として定評のある食品はほかにない。食べること、そして生殖することはどちらも人間の本能的な欲求であり、どちらも喜びを感じさせる。だからこのふたつの行為が結びつけられるのは少しも不思議ではない。世界には「交尾する」という動詞と「食べる」という動詞がよく似ている言語がたくさんある。古代ギリシア語のparothidesという言葉は、オードブル（前菜）とも「前戯」［性交前に興奮を高めるためにする行為］とも訳すことができる。ブラジル南部に暮らす先住民のカインガング族の言葉では、ある動詞が「交尾する」という意味でも「食べる」という意味でも使われる。どちらの行為を表しているかは、「ペニスで」を意味する修飾語がつくかどうかだけで区別される。フランス語のconsommerという動詞には、「飲食する」という意味と、「結婚を（床入りによって）完成させる」という意味がある。食べることと愛することとは、たとえば「食べてしまいたいほどかわいい」といった表現の中で密接に結びついている。しかし、牡蠣に性欲を高める効果があるという西洋の考えは、中国には伝わらなかった。それどころか7世紀の医薬学家の孟詵《もうせん》［『食療本草』の著者］は、牡蠣を食べると夢精、すなわち「幽霊との性交による精子の放出」が抑制されると述べている。

ある食品が媚薬とされるかどうかは、民間伝承や迷信が大きく影響している。昔から、ある食べ物の効き目はその食べ物と形が似ている体の部位に結びつけて考えられた。たとえばクルミは人間の脳に形が似ているため、脳の働きを強くすると考えられたし、バナナはペニスに形が似ているので、男性の勃起不全を治す効果があると信じられていた。貝類――特に牡蠣――は、考古学者によって生殖と関係のある遺跡で発見され、子宮、誕生、生まれ変わりの象徴とみなされている。洞窟壁画や呪物としての彫刻は一種の類感呪術《るいかん》［求める結果を模倣することで目的を達成しようとする呪術］であり、狩猟採集社会の人々が願いをかなえるために実践した宗教的行為だと考えられている。洞窟壁画は狩りの成功を願って描かれたものか、あるいは古代人が欲しいもののイメージを描いたものだと考えられている。

ナラ湾の険しい斜面に開いた洞窟の入り口やその近くには、今でも牡蠣殻の貝塚が見られるが、これは19世紀末に強制移住させられるまでウィットサンデー諸島やクイーンズランド州の海岸地域に少なくとも紀元前７０００年から暮らしていたアボリジニのンガロ族（「ンガロ」はマオリ語で「目に見えない」、「隠れた」という意味である）が作ったものとされている。彼らが描いた洞窟壁画――２５００年前のものと推定される――は、牡蠣を芸術的な様式で描こうとした最も古い例のひとつである。古代の人々の意図を知る方法はないが、著名な宗教史家のミルチャ・エリアーデは著書『イメージとシンボル』（１９６１年）の中で、「牡蠣と貝殻の呪力に対する信憑は先史から現代に至るまで世界中どこにもみられるものである」［『イメージとシンボル』前田耕作訳／せりか書房／１９７４年］と述べている。また、貝は有史以前のエジプトから19世紀の西アフリカまでさまざまな文化で護符《ごふ》として用いられており、貝は多産の象徴だったとエリアーデは考えている。

●牡蠣とセックス

性的な能力は生殖器に形が似ている食べ物から得られると信じられていたので、牡蠣が女性の下半身と結びつけられたのは不思議ではない。開けたばかりの殻の中でつやつやと光る生牡蠣を見てほしい。食べてくださいと手招きしているように見えないだろうか。それは何も加工されていないありのままの姿、むきだしの姿だ。その身はなめらかでやわらかい。欲望をそそるようなその姿は、世界中のどの食べ物とも違うエロティックな想像をかき立てる。大きなひらひらした陰唇――その奥に膣がある――を持つ性的魅力たっぷりの女性のように、生牡蠣の外套膜には波打つ灰色がかった縁取りがあり、それが女性の外陰部のような形をした、なめらかで味わい豊かな身をいっそう引き立てる。殻を開けられたばかりの牡蠣はまだ生きていて――最後のときを待ちながら――油のよ

生牡蠣はしばしば女性の外陰部にたとえられる。

うな謎めいた液体に包まれて光っている。甘いのか？　しょっぱいのか？　クリーミーなのか？　金属的な味がするのか？　この謎だけでも、不安と興奮を生むには十分だ。牡蠣が浸っているこの液体には膣分泌物に似た匂いがあり、女性が放つフェロモンのひとつと考えられるＴＭＡ（トリメチルアミン）――魚に似た匂いを持つ有機化合物――とも似た匂いがする。

古代ギリシアの伝説では、愛の女神アフロディテの誕生物語に表れているように、牡蠣を含む二枚貝は古くから神々とセックスに結びつけられていた。アフロディテはローマ神話ではビーナスと呼ばれ、誕生の瞬間から荘厳な美しさと生殖可能な成熟した体を持っていた。アフロディテは二枚貝の殻の上に立っている姿がよく描かれている。ヘシオドス［前７００年頃の古代ギリシアの詩人］の『神統記《しんとうき》』では、クロノスが切り落としたウラノスの男根を海に投げ捨てると泡が立ち、その中からアフロディテが生まれたとされている。アフロディテという名前は、「海の泡」を意味するギリシア語の「アプロス（aphros）」からつけられた。英語で「性的な欲望をかき立てる」という意味の aphrodisiac という言葉は、愛の女神アフロディテの名前に由来している。

牡蠣は女性の生殖能力だけでなく、男性の精力とも結びつけられている。牡蠣はローマ時代の酒宴には欠かせない食べ物で、この時代の多くの著述家が牡蠣の効能について意見を述べている。２世紀にペルガモン［小アジアの古代都市］で生まれた医者・哲学者で、ローマ皇帝マルクス・アウレリウス・アントニヌスの侍医でもあったガレヌスは、性欲の減退を治療するために牡蠣を食べるように勧めた。ローマの風刺詩人のユウェナリスは「風刺詩」（６の巻）の中で、「いったい

ギリシア神話ではアフロディテ、ローマ神話ではビーナスと呼ばれる愛の女神は、生まれてすぐに二枚貝の殻の上に立っている姿がよく描かれる。ウィリアム・アドルフ・ブグロー作「ビーナスの誕生」(1879年頃)。

『情欲《ウエヌス》』が酔うたならば、そもなにものを気にかけようか？……すでに真夜中というのに（精をつけるための）大きな牡蠣をむしゃむしゃやる女は、股間と頭にどういう区別があるかも判らないのである」［『サトゥラェ――諷刺詩』藤井昇訳／日中出版／1995年］と書いている。サミュエル・ジョンソンとウィリアム・シェークスピアも、セックスや倫理観の低さの暗喩《あんゆ》として牡蠣売りの女を登場させている。

●性的なものの象徴

絵画の世界では、牡蠣は性的なものの象徴として描かれた。17世紀のオランダ絵画は女性的なものを暗示するために、静物画によく牡蠣を描いた。牡蠣が画面のどこに描かれるか、牡蠣の近くに何が描かれるかによって、牡蠣は純潔の象徴にもなり、エロティシズムの象徴にもなった。ワインとともに描かれた場合、牡蠣は大食と肉欲の象徴となり、白目《しろめ》［スズを主成分とする合金］の皿やありきたりな食べ物など、ごく普通のものと一緒に描かれれば、牡蠣は隠された美徳を象徴するだけでなく、秘められた愛の要求がやがて明かされることを示した。これらの絵画は所有者や画家の高尚な趣味を示すだけでなく、官能的な喜びや期待を感じさせる場合もあった。

17世紀と18世紀に描かれた数多くの静物画の中で、牡蠣はしばしば絵の中心的素材として描かれ、道徳的な意味を暗示するか、エロティックな意図を表現した。ヤン・ステーンの「牡蠣を食べる娘」（1658年頃）には、豪華な白い毛皮をあしらったベルベットの服を身につけた、明らかに裕福

ヤン・ステーン作「牡蠣を食べる娘」(1658年頃)。この女性が絵の鑑賞者に向ける視線は誘惑を暗示している。描かれた牡蠣が性的な意味合いをいっそう強く感じさせる。

な若い女性が描かれている。目の前のテーブルには、この時代には高価だったデルフト焼の水差しや金色の飲み物が入ったグラスが置かれている。同じテーブルの上には、殻を開けてすぐに食べられる状態の牡蠣と、殻を開けなければ食べられない閉じた牡蠣が置いてある。目を引くのは、描かれた女性が絵の鑑賞者に向けるまっすぐで挑発的なまなざしだ。鑑賞者を食事に誘っているようにも解釈できるが、性的な戯れへの誘惑と受け取ることもできる。

牡蠣を開ける行為そのものがエロティックだという見方もできる。器用な手が牡蠣を——優しく守るように——つかみ、たくましい腕に握られた牡蠣開けナイフは男根のような形に見えなくもない。そっと「秘密の場所」を探し、ナイフの先が殻の蝶つがい［外国では牡蠣を蝶つがい側から開けることが多い］を探し当てたら、迷わず深く鋭く殻の中にナイフを差し込む。するとなめらかでやわらかな肉が姿を現す。生牡蠣を食べるのは、官能的な喜びにふけることに等しい。女性遍歴の多さで知られる17世紀のカサノヴァは、「温かい湯船に浸かり、美しい女性の胸から」牡蠣を取って朝食に50個食べたと伝えられている。カサノヴァは牡蠣を「生命力と愛への刺激」と呼び、恋人とともに牡蠣を味わう場面をこのように描いている。

ポンスを飲んでから、二人はいったん口に入れた生牡蠣を口移ししながら楽しみ味わった。彼女は自分の舌の上に牡蠣をのせてわたしの方にさし出し、同時にわたしもまた舌の上にのせた牡蠣を彼女の口に移し入れた。二人の恋人にとって、これほど扇情的で、情欲をそそる戯れはない。……熱愛する女の口から啜《すす》る牡蠣以上に甘美なものはない！　彼女の唾液が甘美な味つけをしてくれる。それを噛みしめ飲みこむとき、わたしの恋の力はいやでも増大しないわけがない。［『カサノヴァ回想録　第4巻』窪田般彌訳／河出文庫／1995年］

牡蠣を口に含むときは、本能がむきだしになる感覚がある。頭を軽くのけぞらせ、口を開けて海からの贈り物を受け止める。最初にかすかな潮の風味が広がり、それからやわらかくぷっくりした身が舌と出会い、喉を滑り落ちていく。この感覚を少しでも長びかせるために、牡蠣の身に優しく歯を立て、刺激的なひと口をふたつに分けようとする人もいるだろう。私に言えるのは、何年も前にニューオーリンズでローラおばさんと一緒に人生初の牡蠣を味わったとき、12歳の私の口は生きている喜びを感じたということだ。私は大人の仲間入りを果たし、快楽主義者の秘密結社に迎え入れられたのである。

●快楽の時代

18世紀は――特にフランスでは――カサノヴァのような人々によって歴史に残る放蕩《ほうとう》と好色が頂点に達した時代だった。この時代に人々は中世の迷信と教会の支配から解き放たれた。規制が弱まるとともに、飲酒がこれまで以上に盛んになり、官能的で肉体的な快楽の人気が高まった。18世紀は理性の時代であり、この時代に科学的発見と肉体的快楽、そして文学的表現を通じて、近代社会と文明の基本的な構成要素が作られた。先頭に立ってその道を歩いたのは、太陽王と呼ばれたフランス国王ルイ14世［1638～1715］である。すべてにおいて過剰な君主として知られるルイ14世がブルターニュ地方のエメラルド色の海に面したカンカルの町から届けられる牡蠣を毎日必ず食べたおかげで、牡蠣はベルサイユの宮廷で大流行した。この時代に生まれたヴォルテールやディドロ、ルソーといったフランスの代表的な啓蒙思想家は、リビドー［人間の行動の原動力となるエネルギー。狭義には性的エネルギーを指す］の増加は創造的な知的思考を刺激すると考え、牡蠣を食べることは深遠な思索の助けになると信じていた。

フランスで王制が廃止されてナポレオンが帝位につくと、ボナパルト朝は彼らが倒した王家と同様に牡蠣に魅了された。背の低さから「ちびの将軍」と呼ばれたナポレオンは、戦いに出る前は必ず牡蠣を食べたと彼の多くの敵が伝えている。また、フランス革命の代表的な指導者だったダントンやロベスピエールは、自分の革命精神がくじけそうになると、牡蠣を何十個も食べてみずからを鼓舞したと伝えられている。ナポレオンの妹ポーリーヌは軍人の夫が赴任するサン・ドマング［現在のハイチ。当時はフランス領］に同行したが、夫が死亡してフランスに帰国することになり、サン・ドマングから数人のアフリカ人奴隷を連れ帰ったと伝えられている。奴隷たちはポーリーヌの命令どおりに働いた。奴隷たちの中にとびぬけてたくましい男性がひとりいて、毎朝ポーリーヌの入浴の支度をし、朝食に生牡蠣とシャンパンを運ぶ仕事をしていた。この奴隷が牡蠣を開け、食事を運ぶ以上の奉仕をさせられていたかどうかは推測するしかない。

売春宿とオイスター・ハウスは切っても切れない関係にあり、牡蠣とセックスの連想をいっそう強くした。最初の「赤線地区」［売春宿の多い地域］が誕生したのは14世紀のアムステルダムだった。客の大半は水夫で、セックスと魚介類は隣り合わせの関係にあった。しかし19世紀のニューヨークでは、赤線地区はマンハッタン島南部のバワリー地区にあり、牡蠣料理の店は売春宿の下や隣にある地下のレストランにあった。チャールズ・ディケンズ（有名な売春宿の女主人ジュリア・ブラウンから愛情たっぷりのもてなしにあずかったと信じられている）は『アメリカ紀行』（１８４２年）の中で、うさんくさいダンスホールや牡蠣・レストランがいかに多いかについて書いている。牡蠣料理のレストランは半地下にあり、赤い電灯が目印だった。

目を上げると、あふれんばかりの看板は、川の浮標《ブイ》のような、あるいは縄で柱にくくりつけられた小さな風船のような格好で宙にぶら下がり、「何でもふう牡蠣料理」と告げている。それらの看板は夜に最も威力を発揮し、腹ぺこの人たちを誘い込む。というのも、その時間になると店内では薄ぼんやりとしたロウソクがちらつき、これらおいしそうな文句を照らし出し、ぶらつきながらそれを読む怠け者たちの口を涎《よだれ》で満たすからである。［『アメリカ紀行（上）』伊藤弘之・下笠徳次・隈元貞広訳／岩波書店／２００５年］

ニューヨークの住人で作家のジョージ・G・フォスターは、著書『ニューヨークのガス灯 *New*

牡蠣を食べると性的なエネルギーが高まると言われている。

York by Gas-light』（１８５０年）の中で、「女はどれも同じだが、牡蠣にはいろいろな種類がある」と書いている。

　売春宿とオイスター・クラブが結びつくのはニューヨークに限ったことではなかった。アメリカ大陸の反対側では米墨《べいぼく》戦争［テキサスの領有をめぐるアメリカとメキシコの戦争。１８４６～48年］の終結後、１８５０年にカリフォルニアが正式にアメリカの州と認められ、カリフォルニアの都市サンディエゴも合衆国の一部となった。サンディエゴでは、歓楽街の住人たちはスティンガリー地区に集まっていた。特に有名なのはマダム・コーラが経営するゴールデン・ポピーという売春宿で、町一番のギャンブル場と酒場を兼ねた「オイスター・バー」という店の上の階にあった。売春宿を所有していたのはマダム・コーラだが、酒場の持ち主はＯＫ牧場の決闘で有名になる保安官のワイアット・アープだった。ゴールデン・ポピーは部屋の色と同じ色のドレスを売春婦が着ていることで評判になり、店に来た客はその日の相手を選ぶ前に十数個の牡蠣を食べて精力をつけた。

　これらの前例がある以上、「プレイボーイ」誌の創刊者ヒュー・ヘフナーがニューオーリンズに開店したプレイボーイクラブが2軒の有名なオイスター・バーにはさまれ、道を隔てた向かい側にも評判のオイスター・バーがあったことはむしろ当然と言えよう。「オイスター」という言葉さえもエロティックな連想をかき立てるのに利用され、ウィリアム・レーゼンビーはロンドンで悪名高い月刊ポルノ雑誌「ザ・パール」を１８７９年から１８８０年まで発行し、それが当局によって禁止されると、今度は「ザ・オイスター」と名を変えて出版を続けた。

もっと実用的な面を見ると、牡蠣に媚薬効果があるという昔からの数々の言い伝えに根拠があることが、現代の科学によって証明されつつある。牡蠣には亜鉛が豊富に含まれ、亜鉛は男性の性機能の発達を助ける働きをする。前立腺は体内のあらゆる臓器の10倍も亜鉛を必要とし、男性は射精のたびに1~3ミリグラムの亜鉛を排出する。２００５年3月にアメリカとイタリアの科学者による合同研究によって、牡蠣に媚薬の働きがあるという言い伝えの正しさが立証された。彼らの研究によれば、高速液体クロマトグラフィーと呼ばれる装置を用いた分析の結果、牡蠣から2種類の特殊なアミノ酸、Ｄ－アスパラギン酸とＮ－メチル－Ｄ－アスパラギン酸（ＮＭＤＡ）が検出された。これらのアミノ酸をラットに注射すると、オスのラットにはテストステロンの増加が、メスのラットにはプロゲステロンの増加が見られた。テストステロンもプロゲステロンも、どちらも性的エネルギーを増加させる効果がある。牡蠣にはドーパミンも含まれている。ドーパミンは男女ともに性欲の制御や亢進にかかわる神経伝達物質だ。しかし牡蠣に火を通すとＤ－アスパラギン酸とＮＭＤＡ分子は著しく減少するので、愛を深める目的で牡蠣を食べるなら生牡蠣が一番だ。

第9章 ◉ 牡蠣の未来

未来の牡蠣は、数千万年前に恐竜に踏みつぶされた牡蠣とも、私たちが今日食べる牡蠣とも、ほとんど変わらない姿をしているだろう。しかし牡蠣の未来は今とはすっかり違うものになっているはずだ。ごく普通の二枚貝である牡蠣は、人間が最も昔から食べ続けてきた食料源だ。だから牡蠣の絶滅を防ぐために大勢の人が手を尽くしている。現代は食品の遺伝子組み換えが行なわれる時代であり、その点では牡蠣も例外ではない。一般的な消費者は、自分たちが食べているのが何らかの形で改良された牡蠣だとは夢にも思わないだろう。これまでにさまざまな病気が牡蠣床を全滅させてきたが、学者は二度とそうした事態が起こらないように研究を続けている。

◉牡蠣の最前線

繰り返し発生する病気に対抗するひとつの方法は、市場であまり知られていない多種多様な食用牡蠣を育てることだ。たとえばスミノエガキ（学名 *Crassostrea ariakensis*）は日本、中国、インド、パキスタンの河川に生息している。アメリカ西海岸の孵化場では、マガキの産卵期にあたる夏の数か月間にマガキの代わりになる牡蠣として、スミノエガキの養殖を実験している。スミノエガキは病気に強く、成長も速いという特長が明らかになっている。バージニア州の養殖家によってこのスミノエガキをチェサピーク湾に移植するための地道な努力が続けられてきたが、調査と議論を重ねた結果、危険が大きすぎるという理由で断念された。牡蠣を新しい地域に移植する際に伴う最も大きな問題は、侵略的外来種が気づかないうちに紛れ込み、新しい場所で繁殖して大きな被害をもたらすことだ。かつて日本から輸入された種牡蠣によってオオヨウラクガイ（学名 *Ceratostoma inornatum*）が侵入したことがある。牡蠣に吸着して穴をあけ、身を食べてしまうこの巻貝によって、新しく養殖を始めたばかりの牡蠣の収穫は大打撃を受けた。

科学者は牡蠣が食べられる期間を延ばすために、遺伝子操作によって三倍体の牡蠣を生産する研究をしてきた。通常の牡蠣は受精によって卵と精子からそれぞれ1組ずつ染色体を受け継ぎ、受精卵は2組の染色体を持つので二倍体と呼ばれる。科学者は卵から2組の染色体、精子から1組の染色体を受け継ぐ三倍体の牡蠣を作ることに成功した。三倍体の牡蠣は合計3組の染色体を持ち、生殖はできない。つまり三倍体の牡蠣は基本的な生殖能力を持たないので、産卵シーズンがなく、産卵のために身がやせることがないので大きく成長し、夏でも食べられるという利点がある。三倍体の牡蠣を広めようとする人々は、三倍体の牡蠣は二倍体に比べて風味にほとんど差はなく、一般の消費者が食べても違いはわからないだろうと考えている。２００９年には80億個の三倍体の卵から幼生が孵化した。

牡蠣に関係のあるもうひとつの科学的進歩に、食品照射がある。食品照射は電離放射線（X線、ガンマ線、電子線）を食品に照射して殺菌する技術で、それ自体は新しいものではない。放射線の電離作用（イオン化）を利用して細菌を減少または死滅させ、食品の保存可能期間を延ばすというアイデアに最初の特許が認められたのは１９０５年のことだ。１９５０年代になると、アメリカ軍は農作物、肉、乳製品に対する食品照射の実験を拡大したが、世界で初めて一般消費者向けのジャガイモと小麦に食品照射を実施したのはロシアとカナダだった。１９８０年代終わりになると、食品照射の商業的利用は広がった。牡蠣の場合、食品照射はビブリオ・バルニフィカスという細菌を死滅させるために使われる。この細菌は牡蠣に対しては無害だが、人間が感染すると重い胃腸炎を引き起こす。特に肝臓に疾患を抱える人や免疫が低下している人がビブリオ・バルニフィカスに感染すると重篤化しやすいため、それが牡蠣に対する食品照射を推奨する理由のひとつになっている。食品照射は牡蠣を殺さずに致死性の細菌を効果的に死滅させ、保存可能期間を延ばすことができるが、放射線量によっては牡蠣も死んでしまう可能性があり、その場合は保存可能期間が著しく短くなる。

あらかじめ殻を開けて売られる牡蠣も増えてきた。そういう牡蠣は閉殻筋《へいかくきん》を切って殻を開けてから、ふたたび殻を閉じ、殻が開かないようにゴムバンドを巻いてある。前もって殻を開けた牡蠣は、

ゴムバンドで閉じられた牡蠣。味にうるさい真の牡蠣愛好家からは敬遠されている。

毎日大量の牡蠣を調理して出す必要のあるカジノや客船で重宝されている。熟練した殻開けの腕を持つ料理人を雇えないレストランにも売れているが、この牡蠣はもう生きていない。風味は落ち始めており、歯ごたえも劣るし、鮮度や身の輝きも落ちている。したがって牡蠣を買うときはラベルをよく見るか、オイスター・バーで目の前で牡蠣を開けてくれるのを注意して見ていたほうがいい。そうすれば牡蠣が新鮮でまだ生きているかどうか確かめられる。

　最近、新種の牡蠣が次々と登場するのを不思議に思った経験はないだろうか？　それは職人的な生産者と新種の牡蠣を生み出している人々のおかげだ。私がカールスバッドで出会った生産者はその典型だった。カールスバッドはカリフォルニア州沿岸をサンディエゴから車で1時間ほど北上したところにある都市で、古い発電所の陰に小さな潟湖《せきこ》［砂州によって外海から隔てられた浅い湖］がある。そこに天然の牡蠣は生息していなかったが、ア

牡蠣の育成中に使用されるタンブラー。牡蠣を入れてゆっくり回転させると殻の縁が欠け、殻のくぼみが深くなり、汁気のたっぷりした牡蠣に成長する。

ワビ養殖家のジョン・デービスはその潟湖が牡蠣の養殖に向いていると考え、科学者のデニス・ピーターソンの協力をあおいで牡蠣を育てることにした。その潟湖の利点は、発電所を冷却する海水を海に排出するために、潟湖に滞積する砂が定期的に浚《しゅん》渫《せつ》されていることだ。それが自然で健全な生態系を生む役に立っている。

牡蠣の殻を丈夫でくぼみの深い形にするために、育成期間中に牡蠣を回転させるタンブリング［筒状の機械に牡蠣を入れて回転させる方法と、牡蠣を詰めて海中に入れた網袋を潮流によって回転させる方法がある］という作業が行なわれる。ジョン・デービスの経営するカールスバッド養殖場では、マガキ（学名 *Crassostrea gigas*）のカールスバッド・ブロンデとオリンピアガキ（学名 *Ost-*

rea lurida)のカールスバッド・ルナという2種類のブランドでタンブリングを実施している。タンブリングを採用しているブランドには、ほかにカナダのブリティッシュ・コロンビアで育てられるクッシや、バージニア州で育てられているオールド1871などがある。タンブリングの過程で牡蠣が互いにぶつかり合うことで殻の端が少しずつ欠けるため、牡蠣は細長く成長しないで、くぼみの深い殻ができる。自然に任せておくと牡蠣は平たく細長い形になりがちだが、生産者がこうして手間をかけることで、殻が丸く、肉厚でぷっくりした汁気の多い牡蠣に育つのである。牡蠣はワインに似ている。ワインの場合、私たちは原料となるブドウが栽培された土地の「テロワール」［土壌や気候、地形などの生育環境］を味わっている。牡蠣の場合は、その牡蠣が育った海の環境——塩分濃度、水温の変化、そして牡蠣の成育場所を流れていく潮の満ち引きまでも含んだ環境——すなわち「メロワール」［フランス語で海を表すmerに由来する造語］を味わうのだ。

●生態系を再生する牡蠣

19世紀に牡蠣が減少してから、私たちはようやく牡蠣を復活させるチャンスを手に入れた。今では牡蠣は食料源としての二枚貝にとどまらず、傷ついた生態系を再生するカギを握る生物でもある。1個の牡蠣は1日に190リットルの海水を濾過する能力がある。勤勉な牡蠣がせっせと海水を濾過し、水質を改善してくれるので、牡蠣がよく繁殖する牡蠣床は明らかに環境に好影響を与える。牡蠣のこの生態は沿岸部の環境を再生するうえで非常に重要な役割を果たす。2010年にメキシコ湾でイギリスの石油会社ＢＰ社が採掘中の油田から原油を流出させる事故を起こしたが、そのような場所では特に牡蠣の水質浄化能力に期待がかけられている。ニューヨークを拠点に活動するリビング・ブレークウォーターズとビリオン・オイスター・プロジェクトというふたつの団体は、汚染で深刻な打撃を受けた海の生態系を回復させるために、ニューヨーク港とスタテンアイランド［ニューヨーク湾内の島］のサウスショアに牡蠣をふたたび繁殖させようと試みている。これらの場所に新しく作られた浅瀬の手入れに小学生も参加し、水質の変化を記録する手伝いをしている。生徒たちは科学的調査を実践的に学ぶだけでなく、自分たちの未来と、未来の資源に対する責任を引き受けている。リビング・ブレークウォーターズのプロジェクトは食用目的ではなく、２０１２年にニューヨークに深刻な被害を与えたハリケーン・サンディのように、高潮による被害を減らす牡蠣礁を作ることを目的としている。「牡蠣の堤防」は、実質的に人の命を救う役に立つだろう。

「オイスターマン」というブログを運営しているブレント・ペトカウはこう語っている。

現代は食べることがきわめて政治的な行為になりうる時代だ。及ばずながら私も勇気をふりしぼって、牡蠣を食べるのは何よりもすばらしい経験だと伝えたい。牡蠣こそ持続可能なシーフードであり、未来への説明責任を果たせる食べ物である。それに、牡蠣生産者は皆すでに説明責任を引き受けており、信頼される大切さを知っている。私は牡蠣を育てて市場に出す。もしそ

「オイスターマン」ブレント・ペトカウは昔ながらのやり方で牡蠣を育成、養殖、商品化している。

の牡蠣が不衛生だったり病気だったりすれば、その翌日には抗議の電話がかかってくる。ある食べ物を食べることと、それが育てられた場所を知ることはつながっている。私は全力を注いで牡蠣を育てていくつもりだ。

この言葉が嘘でないかぎり、牡蠣は地球と人類を救う――かもしれない。

付録◉牡蠣の保存法と殻の開け方

牡蠣は海から引き上げられたときは生きているし、店に輸送され、殻を開けられて客の口か調理器具の上に滑りこむ瞬間まで生きていなくてはならない。海から引き上げられた後も、正しく取り扱えば牡蠣は10日以上生きていられる。もちろん新鮮なほうがいいのは言うまでもない。牡蠣の生産者が輸送用に牡蠣を袋詰めするときは、その牡蠣に関する基本情報を記載したラベルを袋に貼る。最も重要なのは「収穫日」と「収穫場所」だ。そのほかに、政府の認可や出荷などに関する法律的な項目がある。収穫日は、消費者が手にしている牡蠣が新鮮であることを保証する重要な情報だ。

牡蠣を買うときはよく見て確かめよう。殻が割れているものは、身が傷んでいるかもしれない。殻が少しでも開いているものは避けたほうがいい。理想的には、収穫された牡蠣は身殻《みがら》「カップ状に深くくぼんでいる殻」を下にして保存しておくのがよい。そうすれば身が汁に浸かったままになり、乾かないからだ。買ってきた牡蠣をすぐに開けない場合、冷蔵庫で1週間程度は保存できる。そ

蝶つがいを開けたらナイフを滑らせて閉殻筋を切り、蓋殻をそっとはずせば身が現れる。

ず適切な形の殻開けナイフと、手を保護するために手袋か厚手のタオルを用意する。牡蠣は硬い殻を持つ生物で、表面は湿っているため、手が滑ってけがをしやすい。辛抱強く、注意深くなければいけないし、何よりも手を保護する必要がある。バターナイフやドライバー、ハンマー、あるいはいつも料理に使っている包丁で殻を開けるのは絶対にやめてほしい。普通のバターナイフでは強度が足りず、先端が丸いので蝶つがいに差し込めないし、握りの部分が弱すぎて十分力を入れられない。ドライバーは先端が平たくて厚いので、やはり蝶つがいに差し込むには不向きだし、刃がないので閉殻筋を切ることもできない。小さくて先のとがった皮むきナイフは曲がったり折れたりしやすく、滑ってけがをする可能性が高い。殻開け用のナイフは、ちょっとやそっとでは曲がらない丈夫な刃のついた品質のいいものが欲しい。たいていの殻開けナイフはよく考えて作られている。よい殻開けナイフは、滑らないようにしっかり握れて手触りがよく、硬い殻の間に差し込めるように、先端は薄く丈夫にできている。

手を保護することがどれほど大事かは、何度強調しても足りないほどだ。ナイフはよく滑るので、ほとんどの牡蠣開け職人は手袋をしている。10ドルから300ドルくらいの値段で丈夫な手袋がたくさん売られている。さらに高価な手袋はステンレス鋼を網目状に編んだ素材でできているが、何時間も続けて牡蠣を開ける職人でもない限り、そこまでの必要はないだろう。手ごろな価格の商品を探したければ、ケブラー［硬度と耐熱性にすぐれた合成樹脂素材］製でラテックスコーティングされた手袋なら「防刃性」があり、しかもデリケートな牡蠣を扱うための柔軟性も兼ね備えている。手袋をしないなら、厚手のタオルを使って手を保護しよう。

殻の中に入っている牡蠣の汁をできるだけこぼさないために、牡蠣を開けるときは身殻を下にして置く。多少こぼれてしまうのはしかたがないので、あまり気にしなくてもいい。牡蠣を開けるときは、最初から最後まで牡蠣を水平に保つように気をつけよう。これは牡蠣の身と身殻をできるだけ傷つけないようにするための用心だ。

牡蠣を開けるときは、牡蠣開けナイフを蝶つがいの端に差し込んで［これは海外産の殻が硬い牡蠣に向く「蝶つがい開け」と呼ばれる手順。殻がやわらかい日本産の牡蠣には、殻の側面からナイフを入れて閉殻筋を切る「サイド開け」という方法が主流］、そっとナイフをひねる。すると、ぱかっと開く音がかすかに聞こえるだろう。これで身と汁が入っている深い身殻から蓋殻［上殻ともいう］をはず

さまざまな種類の牡蠣開けナイフ

の場合も身殻を下にして、濡れタオルでくるんでおくといい。殻を開けるときまで、タオルを絶えず湿らせておくのを忘れないように。牡蠣は生き物だから、食べるまで生かしておくためにできるだけのことをするべきだ。牡蠣は気配りが必要な繊細な生き物だ。冷凍庫に入れてはいけないし、保存のために氷を入れすぎれば、氷が溶けたときに真水で牡蠣が「溺れて」しまう。もちろん乾かしてしまうのも禁物だ。

牡蠣を開けるのは簡単だ——たいていの場合は。もちろん最初はどうしたらいいか迷うだろうし、蝶つがいの場所がわかりにくいものや、蝶つがいが硬いもの、あるいは閉殻筋が特に頑丈な牡蠣の場合には、熟練した職人でもてこずることがある。必要なのは適切な道具と、ある程度の経験、そして根気だ。ませるようになる。続いてナイフを蓋殻の内側の上部に沿って注意深く滑らせていく。これで蓋殻から閉殻筋が切り離せる。

今度はナイフを身の下に入れて、身殻についている閉殻筋を切って、できるだけ汁をこぼさないように注意しながら身を身殻からはずす。このとき、牡蠣開け職人は身のきれいな面を見せるために、身殻の中で身をひっくり返すことが多い。殻の破片が身にくっついている場合があるので、食卓に出す前にナイフの先で取り除いておこう。殻を開けた牡蠣は、食卓に出すまで砕いた氷を敷いた皿の上に置いておくのが一番いい。開けた牡蠣を料理する予定なら、氷の代わりに塩か、古い豆や生米を入れた器に載せておこう。

身殻に入った開けたばかりの生牡蠣に、レモンをしぼるか粗挽きコショウを振って食べるのが好きな人は多い。

謝辞

この本を書くにあたって、たくさんの方に本当にお世話になった。牡蠣について直接経験して学ぶ貴重な機会を与えてくれたＡＢＳシーフードのガーベ・トルヒーリョ、マサチューセッツ州プロビンスタウンのディテイル・フィッシュ養殖場のローリー・スチュワートとフランシス・サントス、マサチューセッツ養殖協会のアンドルー・カミングス、カリフォルニア州カールスバッド養殖場のデニス・ピーターソンに心からお礼を申し上げたい。私の頼れる師匠となり、数え切れないほどの質問に答えてくれたオイスターマンことブレント・ペトカウに乾杯。

古代の謎についてさまざまなことを教えてくれた化石フォーラムのタミー・レイナードとスコットに感謝申し上げたい。料理史に関する情報と助言をいただいたパシフィック大学のケン・アルバーラやアンドルー・コー、アンドルー・スミス、そしてフェイスブックで夜中でも質問に答えてくださった料理史家の方々にお礼を申し上げたい。厖大な個人的蔵書を閲覧させてくれたオムニヴォア・ブックスのセリア・サックには特に感謝している。

私の一番のチアリーダーで万能の母のように接してくれるポーラ・ウルファートと、彼女の夫で芸術家のビル・バイエルへ、本当にありがとう。

この本ができあがるまで、ずっと私の側で支え、励まし、買い物し、食事し、寄り添ってくれた友人たちにはいくら感謝してもしきれない。マリア・ロレーヌ・ビンシェット、フィリップ・カーリ、ジョアン・チュン、ロブとリーゼル・クラッフ夫妻、ジェリー・カイプスト、最高のグルメ友達リサ・ローウィッツ、ディオ・ルリア、ラルフ・マルドナド、ローラ・マーティン＝ベーコン、エレン・マセソン、トム・リーデル、ヘザー・ヴェイル、そしてランス・ライトへ、いつもありがとう。

励ましと調査と助言をくれたリチャード・フォスには特別にお礼を申し上げたい。そして辛抱強く相談に乗ってくれたマーサ・ジェイにも最大の感謝を伝えたい。姉のスーザン・ウッドへ――力になってくれてありがとう。

新しい家族になったベッカとダニエルへ、私が作った料理を喜んで食べてくれてありがとう。そして最後に――最大の感謝をこめて――愛する夫、アンドルー・カルマンへ。私の人生のかけがえのない宝物でいてくれてありがとう。

訳者あとがき

本書を手に取られた方は、『牡蠣の歴史』という書名を見て不思議に思われたのではないだろうか。あの小さなありふれた貝にどんな歴史があるのだろうと首を傾げた方も多いと思う。私もそのひとりだったが、読み進めていくうちに、その懸念は驚きに変わった。牡蠣は人間が最も古くから食べてきた食べ物だと著者が言うように、牡蠣は人間の歴史と切っても切れない関係にあった。

本書『「食」の図書館　牡蠣の歴史 *Oyster: A Global History*』はイギリスの Reaktion Books が刊行する The Edible Series の一冊である。さまざまな食べ物や飲み物の歴史を美しい図版とともに紹介する同シリーズは、料理とワインに関する良書を選定するアンドレ・シモン賞の２０１０年度特別賞を受賞している。著者のキャロライン・ティリーは食物史家で、食品をモチーフにしたユニークな装飾品を製作するアーティストでもある。ワインにも造詣が深く、ワイン専門誌に記事を書いている。

手軽に収穫でき、しかも栄養豊富な牡蠣は、古代ローマでは兵士の食料となり、ローマが領土を拡大する推進力になった。アメリカでは牡蠣はもともと沿岸部に暮らす先住民族の重要な食料だったが、17世紀初頭に現在のニューヨークに到着したオランダ人もまた、湾内を埋めつくす牡蠣礁に大喜びした。アメリカの独立を勝ち取った建国の父は牡蠣を好んで食べ、西部開拓の糸口となった探検隊も牡蠣を食べて英気を養った。大陸横断鉄道の開通や西部のゴールドラッシュ、そして19世紀の移民の流入にも、すべて牡蠣を抜きにしては語れない歴史がある。

歴史上の英雄や支配者たちの牡蠣に対する食欲は想像を絶するほどだ。ローマの哲学者セネカは1週間に１０００個の牡蠣を食べ、皇帝ウィッテリウスは1回の食事で１０００個の牡蠣を食べた。イングランド国王ヘンリー4世は食事のたびに４００個の牡蠣を平らげ、ルイ14世は毎回の食事の最初によく冷えた生牡蠣を70個あまりも食べた。フランス革命の指導者ダントンやロベスピエールは、くじけそうになると牡蠣を何十個も食べて英気を養い、ナポレオンも戦場に出る前に必ず牡蠣を食べたと言われる。彼らは牡蠣の豊富な栄養と精力増強効果によって、その旺盛な活動を支えていたのだろう。

案外知られていないと思うが、日本は牡蠣の養殖大国で、生産量は1位の中国に次いで、韓国と並び世界第2位につけている。それだけでなく、日本産のマガキは世界の牡蠣産業を支えるうえで重要な役割を果たしている。19世紀末にアメリカ西海岸で海洋汚染や乱獲によって牡蠣の収穫が激減したとき、日本から宮城県産のマガキの種牡蠣が送られ、見事繁殖に成功した。新しい環境に定着した日本のマガキはアメリカでパシフィックオイスターやミヤギと呼ばれ、西海岸では主力の人気品種となっている。また、１９６０年代にフランスで主要な品種だったポルトガルガキが病気でほとんど全滅したときも、日本からマガキの種牡蠣が導入され、フランス各地の牡蠣生産地でマガキが主力商品となった。日本のマガキはフランスの牡蠣産業の救世主なのである。東日本大震災が起きたとき、フランスは宮城産のマガキによって窮地を救われたことへのお返しとして、震災で壊滅的な打撃を受けた宮城県の牡蠣養殖業者のために救援活動をしてくれた。

日本には刺身や鮨などの魚を生で食べる食文化があるが、牡蠣の生食文化の歴史は欧米のほうが長い。日本でも最近になって牡蠣を生で食べられるオイスター・バーなどが増えてきて、土手鍋やカキフライに加えて、牡蠣の新しい魅力が広まった。これまでは夏に牡蠣を食べてはいけないと言われてきたが、本書でも紹介されているように、最近では夏に食べられる牡蠣も開発されている。スーパーフードと言われるほど栄養豊かな牡蠣をさまざまな料理で味わって、食の楽しみをさらに広げていただければ幸いである。

２０１８年11月

大間知　知子

works on p. 22 and p. 23, under Creative Commons Attribution 3.0 Unported licenses; Anthere has licensed the work on p. 125, David.Monniaux the work on p. 55, Diane Wade Kettle the work on p. 33, and Wright the work on p. 40 under Creative Commons Attribution-Share Alike 3.0 Unported licenses. Readers are free to share - to copy, distribute and transmit these works - or to remix - to adapt these works under the following conditions: they must attribute the work (s) in the manner specified by the author or licensor (but not in any way that suggests that they endorse you or your use of the work (s)) and if they alter, transform, or build upon the work (s), they may distribute the resulting work (s) only under the same or similar licenses to those listed above.

写真ならびに図版への謝辞

図版の提供と掲載を許可してくれた関係者にお礼を申し上げる。

Photo Ammodramus (made available under the Creative Commons CCO 1.0 Universal Public Domain Dedication): p. 79; photo BeatrixBelibaste: p. 70; courtesy Joost Bos/The Prints Collector: p. 65; courtesy Campbell's Soup Company: p. 126; licensed by the Chesapeake Bay Program, Annapolis, Maryland, and reproduced by kind permission: p. 25; reproduced courtesy The Corning Museum of Glass, New York: p. 42; photos Dcoetzee: pp. 69, 93; courtesy Diageo PLC: p. 132; photo Steve Droter: p. 22; photos Lewis Wickes Hine (Library of Congress, Washington, DC - Prints and Photographs Division, from the records of the National Child Labor Committee): pp. 88, 89; photo Robert Kerton: p. 23; photo Maksym Kravtsov: p. 161; photo Los Angeles Country Museum of Art: p. 72; courtesy Patrick McMurphy (aka Paddy Shucker): p. 9; Mauritshuis, Den Haag: p. 142; Photo Maxshimasu: p. 140; from Eustace Clare Grenville Murray, *The Oyster; Where, How and When to Find, Breed, Cook, and Eat It* (London, 1861): pp. 61, 103: Musée d'Orsay, Paris: p. 140; Museo del Prado, Madrid: p. 70; National Gallery of Art, Washington, DC: p. 69; National Gallery of Victoria, Melbourne: p. 83; National Museum of American History (Smithsonian Institution), Washington, DC: p. 106; courtesy Osterville Historical Museum, Osterville, Massachusetts: p. 85; courtesy Brent Pekau and John Lehmann: p. 157; photo Joop Rotte: p. 80; courtesy Celia Sack: pp. 61, 103, 118; photos by, or courtesy, Carolyn Tillie: pp. 10, 14, 15, 20, 31, 32, 50, 52, 87, 105, 107, 138, 154, 160, 164; from Jacob van Maerlant, *Van der Naturen Bloeme* (in Koninklijke Bibliotheek Ms. KA 16): p. 63 (photo courtesy Koninklijke Bibliotheek [Nationale Bibliotheek van Nederland], Den Haag); Nicolaes Visscher: *Novi Belgii Novæque Angliæ: nec non partis Virginiæ tabula multis in locis emendata . . .* (Amsterdam, 1685): p. 80; Walters Art Museum, Baltimore: p. 93; from Frederick Whymper's *The Sea: Its Stirring Story of Adventure, Peril and Heroism* (London, 1887): p. 17 (photo British Library); photo © zooooyu/iStockphoto: p. 129.

Dustin M. Ramsey has licensed the work on p. 34 under a Creative Commons Attribution-Share Alike 2.5 Generic license; CSIRO Marine Research have licensed the

参考文献

Brooks, William K., *The Oyster* (Baltimore, MD, 1891)

Brown, Helen Evans, *Some Oyster Recipes* (Pasadena, CA, 1951)

Clark, Eleanor, *Oysters of Locmariaquer* (New York, 1956)

De Gouy, Louis P., *The Oyster Book* (New York, 1951)

Fisher, M.F.K., *Consider the Oyster* (New York, 1941)［フィッシャー，M.F.K.『オイスターブック』椋田直子訳／平凡社ライブラリー／1997年］

Greenberg, Paul, *American Catch: The Fight for Our Local Seafood* (New York, 2014)

Guiliano, Mireille, *Meet Paris Oyster: A Love Affair with the Perfect Food* (New York, 2014)

Hedeen, Robert A., *The Oyster: The Life and Lore of the Celebrated Bivalve* (Centreville, MA, 1986)

Jacobsen, Rowan, *A Geography of Oysters: The Connoisseur's Guide to Oyster Eating in North America* (New York, 2007)

Kurlansky, Mark, *The Big Oyster: A Molluscular History of New York* (New York, 2006)

McMurray, Patrick, *Consider the Oyster: A Shucker's Field Guide* (Toronto, 2007)

Philpots, John R., *Oysters, And All About Them, Being a Complete History of the Titular Subject, Exhaustive on All Points of Necessary and Curious Information from the Earliest Writers to those of the Present Time with Numerous Additions, Facts, and Notes* (London, 1890)

Reardon, Joan, *Oysters: A Culinary Celebration* (New York, 2000)

Stott, Rebecca, *Oyster* (London, 2004)

Walsh, Robb, *Sex, Death and Oysters: A Half-shell Lover's World Tour* (Berkeley, CA, 2009)

Williams, Lonnie, and Karen Warner, *Oysters: A Connoisseur's Guide and Cookbook* (Berkeley, CA, 1990)

世界のオイスター・バー10選

◉オー・ピエ・ド・シュヴァル——ブルターニュ（Au Pied d'Cheval - Brittany）
10 ケ・ガンベッタ　35260（10 Quai Gambetta 35260）
カンカル，フランス（Cancale, France）
電話　+33 2 99 89 76 95
目の前に海があり，養殖場が見える。

◉ベントレーズ（Bentley's）
11-15　スワロー・ストリート，ピカデリー（11-15 Swallow Street, Piccadilly）
ロンドン，イギリス，W1B 4DG（London, UK, W1B 4DG）
電話　+44 20 7734 4756
1914年から営業を続ける，ロンドン一の老舗のオイスター・バー。

◉ベントレー・オイスター・バー・アンド・ビストロ（Bentley Oyster Bar and Bistro）
20ドライアー・ストリート，クレアモント（20 Dreyer Street, Claremont）
西ケープ州，南アフリカ（Western Cape, South Africa）
電話　+27 21 671 3948

◉ボートハウス・オン・ブラックワトル・ベイ（Boathouse on Blackwattle Bay）
123フェリー・ロード，グリーブ（123 Ferry Road, Glebe）
ニュー・サウス・ウェールズ州，2037，オーストラリア（New South Wales, 2037, Australia）
電話　+61 2 9518 9011

オーストラリアのシドニーロックオイスターは小ぶりだが，しっかりした甘みと塩気を感じさせる味だ。その味を確かめたいなら，ブラックワトル湾に面したボート小屋の上に建てられたボートハウスという名の有名なシーフードレストランに勝る場所はない。この店はシドニーのフィッシュマーケット（こちらもシドニーに来たら絶対に見逃せない場所だ）から目と鼻の先にある。

◉グランドセントラル・オイスター・バー（Grand Central Oyster Bar）
グランドセントラル駅地下（Grand Central Terminal）

89東42丁目，ニューヨーク市，ニューヨーク州（89 East 42nd Street, New York, New York）
電話　+1 212 490 6650
www.oysterbarny.com
　1913年に開店したこの店は，アメリカで最も古く美しいオイスター・バーのひとつだ。グアスタビーノ・タイルと呼ばれるタイルを貼った優美な高いアーチ天井は黄金に輝くようで，赤いチェックのテーブルクロスは伝統を感じさせる。この店は毎年200万個の牡蠣を売り続けている。30種類以上の牡蠣を揃えているこのオイスター・バーは，必ず一度は訪れたい歴史ある店だ。

◉コノバ・バコ――クロアチア（Konoba Bako - Croatia）
ウリツァ・イヴァナ・グンドゥリカ1，21485（Ulica Ivana Gundulića 1, 21485）
コミジャ，クロアチア（Komiža, Croatia）
電話　+385 21 713 742
　この店はクロアチアのダルマチア地方の沖合に浮かぶのどかなヴィス島にある。港に面したこのレストランでは，海から目と鼻の先に置かれた木のテーブルで食事ができ，歴史あるコミジャの町の石とレンガでできた建造物や，その向こうにそびえる松に覆われた岩山が眺められる。

◉モランズ・ザ・ウィアー（Moran's The Weir）
ザ・ウィアー，キルコルガン，ゴールウェイ郡，アイルランド（The Weir, Kilcolgan, County Galway, Ireland）
電話　+353 091 796113
　モランズ・ザ・ウィアー［正式な店名はモランズ・オイスター・コテージ］は1797年に開業し，現在もモラン家が経営している。「ウィアー」とは堰（せき）のことで，店の近くにダンケリン川を遡上する鮭を獲るための古い壁があることから，こう呼ばれるようになった。地元の人々はゴールウェイ湾の牡蠣を収穫し，ギネスビールで喉を潤した。この店は今でもアイルランドを代表するオイスター・バーのひとつだ。

◉ロドニーズ・オイスター・ハウス（Rodney's Oyster House）
469　キングストリート・ウェスト（469 King Street West）
トロント，ON M5V 1K4，カナダ（Toronto, ON M5V 1K4, Canada）
電話　+1416 363 8105

◉シドニー・コーブ・オイスター・バー（Sydney Cove Oyster Bar）
ロット1，サーキュラー・キー・イースト（Lot 1, Circular Quay East）
シドニー，オーストラリア（Sydney, Australia）
電話　+61 02 9247 2937

◉スワン・オイスター・デポ（Swan Oyster Depot）
1517ポーク・ストリート，サンフランシスコ，カリフォルニア（1517 Polk Street, San Francisco, California）
電話　+1 415 673 1101

この小さな由緒あるオイスター・バーは1912年からずっと営業を続けている。ランチタイムしか開店しないが，ドアの前にはいつも行列ができている。店内には大理石のカウンターの前にわずか12席しかなく，この貴重な場所を確保するために開店30分前から行列ができ始める。この店を始めたのはデンマーク人の4兄弟だが，1946年にサル・サンチミノとそのいとこたちが買収し，今もサルの6人の息子たちが経営を引き継いでいる。

レシピ集

本物の牡蠣愛好家は，殻付き生牡蠣にほとんど，あるいはまったく調味料を加えずに食べるのを好む。牡蠣を食べたことがない人は，生牡蠣と聞くと怖じ気づいて，「ぶよぶよした」，「気持ちの悪い」，「ぬるぬるした」，得体のしれない食べ物だと思って受けつけようとしないだろう。実は，本当に新鮮な牡蠣は決してぬるぬるした感じはしない。勇気を出して，開けたばかりの新鮮な牡蠣の香りを嗅いでみよう。潮の香りがかすかに鼻をくすぐるだろう。死んだ魚や腐りかけた魚の匂いとは違うはずだ。もしも変な匂いや刺激臭があったら，その牡蠣は捨てよう。

まずは何も加えない純粋な牡蠣の味を試してほしい。何かソースが欲しいと思うかもしれないが，そうすると牡蠣本来の味がわからなくなって，ソースの味しかしなくなってしまう。料理書の名作とされる『牡蠣料理の本 *The Oyster Book*』（紹介した料理は266種類にのぼる！）の中で，シェフのルイ・P・ド・グイはこのように述べている。「何でもかんでもケチャップをたっぷりつけて食べる人は，別々の牡蠣床で収穫された牡蠣を区別することができないだろう。たとえ同じ海でも，ほんの数キロメートル離れただけでもはっきりと違う味がするものだ」

最初は小さい牡蠣から試してみるといい。小さなクマモトやマルペック（アメリカガキ）がお勧めだ。それならきっとおいしく食べられるし，達成感も感じられるだろう。ただし丸飲みはしないこと！　風味を味わうためには，少しだけ噛んで，それから飲みこもう。後味に甘みが残るのがわかるだろう。そしてもう一度味わってみたくなるはずだ。

牡蠣を初めて食べるときは，上からレモンをしぼると食べやすくなる。世界中どこでも，生牡蠣を出す店では切ったレモンあるいはライムを添えて出している。新鮮で，クリーミーで，かすかな塩気のある牡蠣の味わいは，柑橘系の果汁のさわやかな酸味によっていっそう引き立てられる。ただし，レモンのかけすぎはひかえてほしい。

いろいろな薬味

レモン以外にも，牡蠣に添える伝統的な薬味は――そして斬新な調味料も――いろいろある。ミニョネットソースはまっさきに思い浮かぶもののひとつだ。

上質な赤ワインビネガー…100g
中くらいの大きさのエシャロット…1個，
　みじん切り
挽きたての黒コショウ…小さじ1

材料を浅いボウルに入れて混ぜ，エシャロットがやわらかくなるまで1時間おいてから，牡蠣に少量かける。

殻付き生牡蠣に添えられるもうひとつの薬味はカクテルソースだ。瓶入りのカクテルソースも売られているが，自分で調合したければ，手近な材料で簡単にできる。

トマトケチャップ…35*g*
瓶入りホースラディッシュ…好みで大さじ1～2
レモン汁…小さじ2
ウスターソースとタバスコ…好みで

オイスター・バーの中には，この手作りカクテルソースの材料を別々に揃えておいて，客が自分で混ぜ合わせたり，好きなものを選んで牡蠣にかけたりできる店もある。意外なことに，牡蠣にホースラディッシュだけをつけて食べるのが好きな人は多い。アメリカでは生牡蠣をすすりこむ前にタバスコを2～3滴たらす食べ方もよくある。アジア風にしたければ，日本風や中国風，あるいはベトナム風のタレをいろいろ試してみるといい。

韓国ではたいてい生牡蠣にコチュジャン（赤唐辛子，もち米，醱酵させた大豆，塩などから作られるピリっとした醱酵食品）か，塩を加えたごま油をたらして食べる。夜遅くまで酒を飲める店が韓国ではいたるところにあり，カクテルと一緒に焼き牡蠣や蒸し牡蠣が食べられる。

ベトナムでよく使われるニョクチャムというタレは，ニョクマム［小魚を醱酵させて作るベトナムの魚醤］がベースになっている。

ニョクマム…大さじ2
ライム果汁…大さじ4
小さめのニンニク1かけら…細かいみじん切り
グラニュー糖…小さじ2
熱湯…120*ml*
タイの鳥目唐辛子…みじん切りにし，好みで加える

これらのタレの材料や分量は好みで変えればいいし，牡蠣そのものが挑戦や遊び心を誘う食べ物だ！　少量のキャビアやウニを添えて食べるのもいいだろう。

オイスターシューター

「オイスターシューター」とは，牡蠣と酒をグラスに入れて一息で飲み干す飲み物だ。オイスターシューター［オイスターショットともいう］には，ゴールドラッシュに沸くカリフォルニアの町のようすが目に浮かんでくるような逸話がある。1860年，カリフォルニアでふらりと酒場に立ち寄った採鉱労働者が，牡蠣一皿とカクテルソース，そしてウイスキーを一杯注文した。男は牡蠣とソースをすべてウイスキーのグラスに入れ，一気に飲み干した。バーテンダーは驚いた。

「全部混ぜるなんて，何て飲み方をするんだい」。男は答えた。「これがオイスターカクテルだ」。翌日，この酒場には「オイスターカクテル――牡蠣4個入り」という看板が掲げられたという。

伝統的なカクテルはすすりながらじっくり味わうものだが，カクテルと同じように酒にジュースなどを混ぜて作られていても，「シューター」は一息に飲み干せるように作られた飲み物を指す新しい名前だ。牡蠣を酒に入れて食べるというアイデアは，カリフォルニアのゴールドラッシュ以降いったんすたれたが，1970年代にカクテルが流行し，バーやラウンジが社交の場になると，ふたたび脚光を浴びるようになった。

オイスターシューターにはいろいろな作り方があるが，その多くはブラッディマリーと同じで，そこに牡蠣を加えたものだ。

赤いタバスコ…1ダッシュ［1ダッシュ＝約1*ml*］
緑のタバスコ…1ダッシュ
ホースラディッシュ…1ダッシュ
ウォッカ…30*ml*
新鮮な牡蠣のむき身…1個
レモンの輪切り…1枚

牡蠣とレモンを除くすべての材料を氷とともにシェイカーに入れ，勢いよくシェイクしてからストレーナーでグラスに漉し入れる。牡蠣を入れ，レモンを飾ってできあがり。

多くの日本食レストランでは，日本酒を使ったオイスターシューターを出している。発想の豊かなミクソロジスト［新しい素材やアイデアでカクテルを作る人］は，日本的な材料を使って軽めのものから食べ応えのあるものまで，さまざまなオイスターシューターを作る。軽めのものが欲しいときは日本酒とみりんに角切りのキュウリを加えるが，私はもっとしっかりした一口大のオードブルとして，ウズラ卵を使ったこのレシピが好きだ。

辛口の日本酒…30*ml*
みりん…小さじ1
醤油…小さじ1
新鮮な牡蠣のむき身…1個
ウズラ卵…1個
とびこ…飾りとして

日本酒，みりん，醤油をよく混ぜる。牡蠣をレンゲに載せ，生のウズラ卵を添えて，混ぜた酒類を注いでとびこを飾る。

牡蠣と飲み物の組み合わせ

牡蠣に合わせる飲み物と言えば，昔からシャンパンが代表的だ。軽く透明なはじけるような泡が，味覚を生き生きとさせ，口の中をさっぱりさせてくれる。ただしワインの種類によっては牡蠣の味を殺してしまう場合がある。酸味や渋みの強いワインは牡蠣と相性が悪く，牡蠣が

酸っぱいとか，しょっぱいと感じるときがある。

フランスワインのサンセールやミュスカデを牡蠣に合わせる習慣は，1880年代にさかのぼる。これらはロワール渓谷で作られるワインで，大西洋に注ぐロワール川河口には港湾都市として知られるナントがある。サンセールやミュスカデはさわやかな柑橘系の香りと，産地の土壌から生まれるミネラル感をあわせ持つ，さっぱりした口当たりのワインだ。これらのワインはローマ時代から造られていたという説もあり，牡蠣と一緒に飲むワインとして長い伝統があるのはそのためかもしれない。

アメリカやオーストラリアのワインの中で，これらのフランスワインに代わるものと言えば，ソーヴィニヨン・ブランやピノ・ブランだろう。これらはサンセールやミュスカデといったフランスワインとよく似た特長――柑橘系の香りと渋みを持っている。シャルドネは芳醇な白ワインだが，そのオークやバターのような香ばしさが味覚を覆ってしまうので，牡蠣の持つ繊細で奥ゆかしい味わいが負けてしまう気がする。

ブラジルで味わう牡蠣の究極の食べ方は，牡蠣にライムをしぼって，カイピリーニャというカクテルを合わせることだ。カシャッサ（サトウキビから作られる蒸溜酒で，ホワイト・ラムと同系統の酒）とつぶしたライムから作られるこのカクテルはとてもさわやかな柑橘系の味わいで，牡蠣の味を打ち消さない。特にブラジル人の多くは牡蠣にレモンではなくライムをしぼるのが好きなので，このカクテルは牡蠣にぴったりだ。

ロシア人は牡蠣と一緒にキャビアとウォッカを楽しむ。アドリア海や地中海沿岸を旅するときは，トルコのアラックやギリシアのウーゾなど，アニス風味の酒を生牡蠣に合わせるといい。

フランスの画家アンリ・ド・トゥールーズ＝ロートレックは，殻付き生牡蠣にアブサンというフランスのアニス風味の酒を合わせた。アブサンの人気は一時下火になったが，現在は多くの国で手に入れられる。

日本人は牡蠣を日本酒やビールと一緒に楽しむ。牡蠣に合わせる日本酒は辛口のほうがよく，甘口のにごり酒は牡蠣の味わいを消してしまうのでお勧めできない。もちろんコクのあるスタウトに，素朴な黒パンとバターを添えて食べる殻付き生牡蠣は絶品だ。

むき身の牡蠣を買う場合

アメリカのスーパーマーケットはたいていプラスチック容器に入ったむき身の牡蠣を鮮魚コーナーで売り，イギリスでは冷凍して売っている。日本では液体の入ったビニールパックに詰めた牡蠣のむき身が売られている。これらの牡蠣はシチューやスープなど，加熱調理して食べるのに向いている。

よく勘違いされるが，容器やパックに

入っている液体は牡蠣の汁ではない。あの液体は牡蠣のむき身をすすぐための真水だ。この水を料理に使っても牡蠣の風味を増す役には立たないが，牡蠣の風味が味わいをいっそう引き立てる料理，特にシチューやスープには，私はときどき「ほんの気休め」にこの水を加えてみる。ただし，殻のかけらが残っている可能性があるので，この水をザルなどで濾し，牡蠣の身もよく見て確かめる必要がある。

むき身の大きさは一定ではないので，むき身の容器を開けるときは，贈り物の箱を開けるような気分になる。むき身の数や大きさは開けてみるまでわからないのだ。ときには長さが7～10センチもあるむき身もある。その場合は殻から出したクルミくらいの大きさを目安に，食べやすく切っておこう。容器や袋入りの牡蠣のむき身，あるいは冷凍のむき身を食べるときは，必ず加熱調理する必要がある。

中華風オイスターソース

この自家製オイスターソースには，市販の瓶入りのオイスターソースと違って醤油が含まれている。しかし市販品にはタンパク質や安息香酸ナトリウムや酵母エキスが添加されているものがある。

《第1の作り方》

牡蠣のむき身（汁ごと）…600*ml*
水…80*ml*
醤油…大さじ3

1. むき身と汁を分け，むき身だけをすり鉢の中に入れてつぶし，ペースト状にする。汁は取っておく。
2. ペースト状の牡蠣と水を鍋に入れて火にかけ，沸騰したら弱火にして，水分が茶色くとろりとした状態になるまで30分ほど煮る。身と液体を濾して分け，身は取っておく（身はオムレツの具やスープの風味づけに利用できる）。
3. 2で濾し取った液に取っておいた牡蠣の汁と醤油を加える。このオイスターソースは冷蔵庫で1週間保存できる。

《第2の作り方》

牡蠣のむき身（汁ごと）…1.2リットル，細かくきざむ
チキンスープ…120*ml*
紹興酒または辛口のシェリー…大さじ2
醤油…大さじ3
砂糖…小さじ1
コーン油…小さじ1

1. 牡蠣とチキンスープと酒を鍋に入れて火にかけ，沸騰したら弱火にして10～15分煮る。
2. 残りの材料を加え，もう10分煮る。
3. 身と液体を濾して分ける。（身は取っておいてオムレツの具やスープに利用する）。このオイスターソースは冷蔵庫で1週間保存できる。

歴史上のレシピ

◉牡蠣（1世紀のローマ）

『アピキウス』より（4世紀終わりから5世紀初めに編纂されたローマの料理書）

牡蠣にはたっぷり調味料を使うのが望ましく，コショウ，ラベージ［セリ科のハーブ］，卵黄，酢，スープ，油やワインで調味し，好みでハチミツを加えるとよい。

◎牡蠣のシチュー（イギリス／1654年）

チャールズ1世の料理長，ジョゼフ・クーパーによる『改良・増補した料理の技術 *The Art of Cookery Refin'd and Augmented*』より

牡蠣をむき身と汁に分け，むき身をきれいに洗って汁と一緒に小鍋に入れる。牡蠣1クォートに対して1パイントのワイン，タマネギ2～3個，大きめのメース［香辛料の一種］，コショウ，ショウガを加える。スパイス類はすべて丸ごと使うとシチューが白く仕上がる。塩，酢少々，バターひとかけら，スイートハーブを鍋に加える。鍋をとろ火にかけて，もういいと思うところまで煮込む。煮汁を少し取り出し，¼ポンドのバター，レモン1個のみじん切りを加えてとろりとするまでよく混ぜ，火にかけておく。ただし沸騰させてはいけない。鍋の中身を濾し器に入れて牡蠣だけを取り出し，皿に盛りつける。準備したソースを牡蠣の上から注ぐ。しぼったショウガ，レモン，オレンジ，バーベリー［赤い木の実を乾燥させた甘酸っぱい調味料］，湯通ししたブドウを飾り，味を見て食卓に出す。

◉牡蠣のパン（イギリス／1720年）

エドワード・キダーによる『焼き菓子のレシピと料理術 *Receipt of Pastry and Cookery - for use of his scholars*』より

この時代の「料理書」がたいていそうだったように，この本にも正確な分量は書かれていない。この本に記載されたレシピはキダーが教えていた料理学校の生徒のためのもので，生徒たちはキダーの料理に共通する技術や分量の割合を熟知していたと思われる。キダーの料理書が書かれてから200年間，牡蠣料理のレシピが書かれた料理書には必ずと言っていいほどこの牡蠣のパンのいろいろなレシピが掲載された。

5個の丸いフランスパンを丸くくりぬき，パンくずをすべて取り出す。牡蠣，ウナギの一部，ピスタチオナッツ，マッシュルーム，ハーブ，アンチョビ，骨髄を合わせた詰め物をパンの穴の側面に塗り付ける。2個の固ゆで卵の黄身にスパイスを加え，すり鉢の中で生卵1個とよく混ぜ，ラードでパリッと焼く。これを1クォートの牡蠣，ラードくらいの大きさに切った残りのウナギ，マッシュルーム，アン

チョビと混ぜ，牡蠣の汁と½パイントの白ワインを混ぜ，卵，小麦粉を混ぜ込んだバター少々でとろみをつける。

◉マトンの肩肉の牡蠣詰め（イギリス／1730年）

チャールズ・カーターによる『実用料理大全 *Complete Practical Cook*』より。この料理はチャールズ・ディケンズの好物だった。

牡蠣を用意し，鰓を取る。パセリ，タイム，コショウ，塩，パン粉を混ぜる。卵4個分の黄身を用意し，牡蠣をこれらすべての材料と混ぜる。マトンに数か所穴を開け，ひとつの穴に牡蠣を3個ずつ詰める。マトンを羊の網脂で包み，ゆっくりと焼く。マトンのカツレツとともに食卓に出す。

◉カメニツァ（クロアチア風焼き牡蠣）

メキシコ湾沿岸の牡蠣産業を盛んにしたのはクロアチア人移民の力だった。このレシピは彼らの故郷から伝わる伝統的な作り方だ。

おろしたパルメザンチーズ…16g
おろしたロマーノチーズ…16g
やわらかくしたバター…225g
オレガノと黒コショウ…好みで
みじん切りのニンニク…大さじ1
みじん切りのイタリアンパセリ…大さじ2
大きめの牡蠣…12個，身殻の上に汁とともに載せておく

1. 2種類のチーズを混ぜておく。ボウルかミキサーでバター，ニンニク，パセリ，挽いた黒コショウを混ぜる。
2. 炭火焼きのグリルかガスグリルを熱し，グリルの一番熱い場所に牡蠣をそっと置いて，混ぜたバターを大さじ1杯ずつ牡蠣にかける。牡蠣がふくらんできたら，汁とバターがふつふつとわいている状態で5分ほど焼く。
3. チーズをふりかけ，パリッとしたフランスパンを添えてすぐに食卓に出す。

◉ハングタウンフライ（アメリカ／1849年）

オイスター・ロックフェラーを除けば，ハングタウンフライは歴史上もっとも有名な牡蠣料理だ。

オイスター・ロックフェラーと同様に，ハングタウンフライ——炒めた牡蠣とベーコンと卵の極上の組み合わせ——には独特の伝説がある。ハングタウンフライが生まれたのはゴールドラッシュに沸く1849年のカリフォルニアで，サンフランシスコからおよそ200キロ東にある小さな地域だったのは確かだ。1848年1月にジェームズ・W・マーシャルがカリフォルニアのサッターズミルで最初の金塊を発見すると，1849年には30万人以上が金を求めてこの地域に押し掛けた。

彼らは思い思いに散らばって，いくつかの場所で無味乾燥で粗野で野蛮な探鉱者の集落を作った。それらがやがて小さな町へと発展していった。生き馬の目を抜くような荒くれ者の集団らしく，集落には「ドライ・ディギンズ」［砂金探し］，「ハードアップ・ガルチ」［金欠病の渓谷］，「ハンバッグ・フラット」［いかさま平野］といった名前が付けられた。「ハングタウン」という名前がついたのは，その集落でたびたび絞首刑が行なわれたからだ。

言い伝えによれば，豊かな金鉱脈を掘り当てた山師がケアリーハウスホテルにずかずかと入ってきて，金塊の詰まった鞄をドスンと下ろし，一番高い料理をくれと言った。そのホテルは辺鄙な場所にあったため，最も高価な食材といえば卵（当時は今のように鶏の卵ではなく，サンフランシスコから32キロ離れた沖合のファラロン諸島に生息するカモメの卵を取ってくる必要があった），ベーコン（東海岸から荷運び用のラバで輸送するか，南アメリカ大陸の最南端のホーン岬をまわって船で運ぶ必要があった），そして貴重な牡蠣だった。牡蠣はサンフランシスコ港から高価な氷を詰めて，慎重に出荷された。この料理は大評判になり，たちまち太平洋岸のいたるところでレストランのメニューに載った。ニューヨークの有名なトゥエンティワン・クラブでも，会員だけの朝食としてハングタウンフライをメニューに載せた。

もうひとつの伝説は，最初の伝説と同じように大げさだ。ひとりの探鉱者が別の探鉱者と金鉱の権利をめぐって口論になった。言い争いは止まらず，銃が抜かれ，男がひとり死んだ。有罪判決を受けた殺人犯がハングタウンで絞首刑の日を待っているとき，最後の食事は何がいいかと聞かれた。そこで彼は運命の日を少しでも遅らせるために，材料を揃えるのに数日間――それ以上は無理としても――かかる料理を頼んだという。このレシピはひとり分の栄養たっぷりの朝食になる。ふたり分にするなら材料をすべて2倍にすればいい。

パン粉…30g
小麦粉…35g
卵…4個
牡蠣のむき身…4個
バター…大さじ2
ベーコン…2枚，焼いて細かくする
ワケギ…1本，薄切り
塩コショウ…好みで

1. パン粉，小麦粉，軽く溶いた卵1個を別々のボウルにそれぞれ入れる。残りの卵は軽く泡立てておく。
2. 牡蠣の水気を拭いて，ひとつずつ小麦粉，卵，パン粉の順につけて皿に載せておく。
3. バターを直径20センチのフライパンに入れて中火で温め，牡蠣を入れて片面ずつそれぞれ1～2分焼き，両面がキツネ色になるまでじっくり焼く。焼きすぎないように注意する。

4. 泡立てておいた卵をフライパンに加えて静かにかき混ぜる。1～2分たって卵が固まり始めたらワケギとベーコンを加える。卵が固まるまで，4～5分かけて焼く。オムレツを皿に移して食卓に出す。カリフォルニアではタバスコソースを添えることが多い。

……………………………………………

●ビートン夫人のオイスタースープ(1861年)

イザベラ・ビートンによる『家政読本 *The Book of Household Management*』より

牡蠣…6ダース
子牛や鶏からとったスープストック…1900*ml*
クリーム…300*ml*
バター…大さじ2
小麦粉…大さじ1½
塩，カイエンペッパー，メース…好みで

牡蠣のむき身を牡蠣の汁に入れて沸騰させる。身を取り出し，鰓を取って，身を蓋つきの鍋に入れる。1パイント［600*ml*］のスープストックを鍋に入れ，そこに牡蠣の鰓と，ていねいに濾した牡蠣の汁を加え，30分間弱火で煮る。火からおろし，ふたたび煮汁を濾して，残りのスープと調味料やメースで味を調える。スープを沸騰させ，小麦粉とバターを混ぜたものを加えてとろみをつけ，5分間弱火にかける。クリームを沸かしてから鍋に入れて混ぜ，牡蠣の上から注いで食卓に出す。

注意：このスープはクリームの代わりにミルクを使えばあっさりとした味わいになる。バターと小麦粉の代わりにアロールート［アロールートという植物の地下茎から採ったでんぷん］でとろみをつけてもよい。

……………………………………………

●牡蠣のパティ

ジェニー・ジューンによる『アメリカ料理の本 *American Cookery Book*』（1870年）より

牡蠣の鰓を取り，身が大きければ半分に切る。身をソースパンに入れ，小麦粉をまぶしたバターひとかけら，細かくきざんだレモンの皮，白コショウ少々，ミルク，牡蠣の汁少々を加える。全体をよく混ぜ，弱火で数分煮て，あらかじめパイ生地で作っておいたパイケース［浅いカップケーキ型のように作ったパイ］に詰める。食卓に出すのはできたてでも，冷ましてからでもよい。

……………………………………………

●牡蠣のラ・ファヴォリータ風（1903年)

オーギュスト・エスコフィエのレシピから

1. 牡蠣の殻を開けるときに汁をこぼさないようにとっておき，鰓を取った牡蠣の身をその汁でゆでる。
2. 殻をよく洗い，岩塩を4センチほどの厚さに敷き詰めたお盆の上に載せる。
3. 殻にベシャメルソースを注ぎ，その

上にひとつずつ牡蠣を載せてトリュフを飾る。
4. もう一度ベシャメルソースをかけ，おろしたパルメザンチーズと溶かしバターをかけて，すぐに艶が出るのを待つ。できたてを食卓に出す。

……………………………………………

◉牡蠣の詰め物（アメリカ／1920年代頃）

アメリカ人は1600年代に船でこの国の海岸に到着してから，ずっと七面鳥に牡蠣を詰めて焼いてきた。本来は高価な鳥を大きくふくらませるために，家庭料理では七面鳥などの鳥に牡蠣を詰めて焼いたのである。しかし今では牡蠣のほうが高価なので，牡蠣の詰め物はよほど特別なときしか作らなくなった。私の夫のユダヤ系の祖先の伝統に敬意を表して，彼の曾祖母のコーシャに反するレシピ［コーシャはユダヤの戒律で食べることが許された清浄な食品。牡蠣はユダヤ教では食べるのを禁じられている］をお伝えしよう。

セロリ…さいの目切り，65*g*
タマネギ…さいの目切り，65*g*
溶かしバター…110*g*
牡蠣…殻付きなら600*ml*，むき身ならおよそ250*ml*，細かく切る
パン粉，または軽くトーストしたパンをサイコロ状に切ったもの…200*g*
小さめのニンニク…1かけら，みじん切り
生のパセリ…20*g*，みじん切り
牡蠣の汁…60 ～ 120*ml*
粉ショウガ…小さじ1
白コショウ…小さじ1
チキンスープストック…250*ml*
卵…1個
塩

1. タマネギとセロリを大さじ4のバターでしんなりするまで炒める。
2. きざんだ牡蠣を加えて軽く炒める。パセリ，コショウ，ショウガ，ニンニク，パン粉を加えて全体にバターがまわるまで混ぜ，大きなボウルに移す。
3. 残りの溶かしバターと牡蠣の汁を加え，全体がなじんでしっとりし，固まりがなくなるまでスープストックまたは水を加える。
4. 鳥の中に詰め物を詰め，ときどき鳥に油をかけながら，普段のやり方で焼く。または詰め物をバターを塗ったキャセロール［オーブンで焼いてそのまま食卓に出せる器］に入れて180℃で約30分間，表面がこんがりしたきつね色になるまで焼いてもよい。

……………………………………………

◉オイスター・ロックフェラー

オイスター・ロックフェラーにはいろいろな作り方がある。緑の野菜が含まれているのは間違いないが，それがホウレンソウかどうかは意見が分かれている。

必ずチーズを使うべきだという人もいれば，絶対にチーズは入れないという人もいる。ここでは2種類のレシピを紹介しよう。

《『アリス・B・トクラスの料理読本』（1954年）より》

砂（キラキラした美しい白砂がよいでしょう）を入れ，あらかじめ温めておいた何枚かの深皿に，貝殻にのせた牡蠣を置く。

パセリ，生のホウレンソウ，タラゴン，チャーヴィル，バジル，チャイヴをそれぞれ細かくきざみ，¼，¼，⅛，⅛，⅛，⅛の割合で，牡蠣の上にたっぷりとのせる。[古い料理書によくあるように，このレシピには正確な分量が書かれていないので，ハーブ類の具体的な量はわからない]

塩コショウし，生パン粉少々でハーブ類を完全に覆ってしまう。

溶かしバター少々をかけ，これをあらかじめ温めておいた230℃のオーブンで4～5分焼く。

熱々のところをお客様にお出しする。

フランスのグルメたちにこの料理を出すと，決まって大好評を博す。これほどアメリカの人気を高めるものは他にない。[『アリス・B・トクラスの料理読本』高橋雄一郎・金関いな訳／集英社／1998年]

《絶対失敗しない保証付きのレシピ》

セロリ…1本，細かいさいの目切り
青ネギ…2本，みじん切り
バター…110g
ホウレンソウ…150g，細かくきざむ
クレソン…75g，細かくきざむ
乾燥パン粉…50g
ペルノ，あるいは他のアニス風味の酒…大さじ2
タバスコ…1ダッシュ
ウスターソース…1ダッシュ
おろしたパルメザンチーズ…25g
身殻に載せた牡蠣…24個
レモン…1個，4つに切る
岩塩，またはくしゃくしゃにしたアルミホイル

1. オーブンをあらかじめ230℃に温めておく。青ネギとセロリをしんなりするまでバターで炒める。
2. きざんだホウレンソウとクレソンを加え，1分間炒めて火から下ろす。パン粉，酒，タバスコ，ウスターソースを加えて混ぜる。
3. オーブンに入れられる皿に岩塩を敷き，その上に殻に入った牡蠣を並べる。炒めた材料を小さじ1ずつ牡蠣に載せ，チーズ少々を振る。
4. 牡蠣が熱くなって表面がふつふつしてくるまで8～10分焼く。レモンを添えてすぐに食卓に出す。

このほかにも，焼いたベーコン少々やスライスしたチョリソーを牡蠣に載せてからソースをかけたり，チーズを使わずに牡蠣の上にパン粉たっぷりとバター

少々を載せたりする作り方もある。また青ネギの代わりにエシャロットも使われる。このレシピは簡単なので，ぜひ試してみてほしい。

◉ホイ・トート

タイ風牡蠣のオムレツ。一日のうちどの食事でも食べられる箸休め的な料理。

米粉…大さじ2
フライドチキン用の粉（またはキャッサバ粉）…小さじ1
コーンスターチ…小さじ½
冷水…大さじ3
きざんだ青ネギ…大さじ2
瓶入りの牡蠣…600*ml*
生のもやし…60*g*，洗っておく
きざんだニンニク…小さじ¼
醤油…小さじ¼
卵…1個
調理用サラダ油
タイ産のコショウ…小さじ¼

1. 3種類の粉類を混ぜてから，冷水を加えてよく混ぜる。
2. 1で作った衣にきざんだ青ネギ大さじ1を入れてから牡蠣を加える。これを薄く油を引いて温めた中華鍋（テフロン加工の鍋なら油を引かなくてよい）に入れる。
3. 鍋の中で牡蠣を動かしながら均等に火が通るまで1～2分炒める。卵1個を鍋に割り入れ，さっとかき混ぜる。下の面がきつね色になるまで，3分間焼く。
4. ひっくり返してさらに2分焼く。
5. 鍋の隅に寄せて，空いたところにきざんだニンニクを入れる。さらにもやしを加えて1分ほど混ぜながら炒め，炒めながらもやしに醤油少々をかける。
6. もやしをすくって皿に載せ，その上にホイ・トートを盛りつける。タイ産のコショウと残りの青ネギを振る。タイ風スイートチリソースかシラチャーソース［アメリカで人気の甘辛いタイ風ソース］を添えて食卓に出す。

◉パンチェッタとリーキと牡蠣のフェットチーネ

牡蠣の存在感を活かした優雅な一品を手早く簡単に。

パンチェッタ［塩漬け豚バラ肉］…100*g*，細切り
バター…大さじ3
リーキ…2本，薄い輪切り
ヒラタケ…225*g*，薄切り
ニンニク…1かけら，みじん切り
生のタイム…2枝
レモン汁…大さじ2
辛口白ワイン…125*ml*
牡蠣むき身…600*ml*，汁は取っておく
生クリーム［脂肪分の多いもの］…250*ml*

生パセリ…飾り用
塩，コショウ…好みで
パルミジャーノチーズ…飾り用
フェットチーネ…225g

1. 直径30センチの鍋を中火にかけ，パンチェッタをカリッと焼く。バターを入れて溶かし，リーキとヒラタケを加えてしんなりするまで2～3分炒める。
2. ニンニク，タイム，レモン汁，ワインを入れて沸騰させ，取っておいた牡蠣の汁を加えて半分くらいになるまで煮詰める。
3. クリームを入れて，少しとろみがつくくらいまで煮る。最後に牡蠣を入れ，中まで火が通る程度にほんの2～3分煮る。
4. 塩，コショウで味を調え，ゆでたフェットチーネにかける。パセリとすりおろしたチーズを振る。これだけでふたり分の最高の夕食のできあがり。

……………………………………………

◉エンジェル・オン・ホースバック

新鮮な牡蠣のむき身…12個
スライスしたベーコン…6枚，半分に切る
くし形に切ったレモン
つまようじ…12本

1. オーブンをあらかじめ220℃に温めておく。牡蠣を1個ずつベーコンで巻き，巻き終わりをつまようじで留める。
2. 温めたオーブンに入れてベーコンがパリッとするまで8～10分焼く。レモンを添えて，できたてを食卓に出す。

キャロライン・ティリー（Carolyn Tillie）
食物史家。芸術家。カリフォルニア州立大学ロングビーチ校でマスター・オブ・ファインアーツ（芸術系の修士号）を取得し,20年間にわたって食品をモチーフにした装飾品や芸術作品を作り続けてきた。ワイン＆スピリッツ・エデュケーション・トラスト卒業生であり,全米調理師協会が認定する最高位のマスターシェフの資格も持つ。ワインの専門誌『ワインズ＆ヴァインズ』や『ワイン・ビジネス・マンスリー』などに寄稿し,本書『牡蠣の歴史』はティリーの初めての著書となる。

大間知 知子（おおまち・ともこ）
お茶の水女子大学英文科卒業。翻訳書に『自分を信じる力』（興陽館）,『世界の政治思想50の名著』（ディスカヴァー・トゥエンティワン）,『歴代アメリカ大統領百科』,『「食」の図書館　オレンジの歴史』,『「食」の図書館　ブランデーの歴史』（以上原書房）などがある。

「食《しょく》」の図書館《としょかん》

牡蠣《かき》の歴史《れきし》

●

2018 年 *11* 月 *27* 日　第 *1* 刷

著者……………キャロライン・ティリー

訳者……………大間知《おおまち》 知子《ともこ》

装幀……………佐々木正見

発行者……………成瀬雅人

発行所……………株式会社原書房

〒 160-0022 東京都新宿区新宿 1-25-13

電話・代表 03(3354)0685

振替・00150-6-151594

http://www.harashobo.co.jp

印刷……………新灯印刷株式会社

製本……………東京美術紙工協業組合

ISBN 978-4-562-05561-6, Printed in Japan

ジンの歴史　《「食」の図書館》

レスリー・J・ソルモンソン著　井上廣美訳

オランダで生まれ、イギリスで庶民の酒として大流行。やがてカクテルのベースとして不動の地位を得たジン。今も進化するジンの魅力を歴史的にたどる。新しい動き「ジン・ルネサンス」についても詳述。　２２００円

バーベキューの歴史　《「食」の図書館》

J・ドイッチュ／M・J・イライアス著　伊藤はるみ訳

たかがバーベキュー。されどバーベキュー。火と肉だけのシンプルな料理ゆえ世界中で独自の進化を遂げたバーベキューは、祝祭や政治等の場面で重要な役割も担ってきた。奥深いバーベキューの世界を大研究。　２２００円

トウモロコシの歴史　《「食」の図書館》

マイケル・オーウェン・ジョーンズ著　元村まゆ訳

九千年前のメソアメリカに起源をもつトウモロコシ。人類にとって最重要なこの作物がコロンブスによってヨーロッパへ伝えられ、世界へ急速に広まったのはなぜか。食品以外の意外な利用法も紹介する。　２２００円

ラム酒の歴史　《「食」の図書館》

リチャード・フォス著　内田智穂子

カリブ諸島で奴隷が栽培したサトウキビで造られたラム酒。有害な酒とされるも世界中で愛され、現在では多くのカクテルのベースとなり、高級品も造られている。多面的なラム酒の魅力とその歴史に迫る。　２２００円

ピクルスと漬け物の歴史　《「食」の図書館》

ジャン・デイヴィソン著　甲斐理恵子訳

浅漬け、沢庵、梅干し。日本人にとって身近な漬け物は、古代から世界各地でつくられてきた。料理や文化としての発展の歴史、巨大ビジネスとなった漬け物産業、漬け物が食料問題を解決する可能性にまで迫る。　２２００円

（価格は税別）